6大甜點師親授！

IG 吸睛蛋糕裝飾 &設計技巧

20.451 views
2 DAYS AGO

瑞昇文化

CONTENTS

閱 讀 本 書 時

❖ 本書是專攻裝飾技巧的書籍，基本上
 並沒有介紹蛋糕的製作方法，但有時
 仍會記載裝飾用蛋白霜等重要裝飾配
 件的製作方法。

❖ 本文中的溫度或時間會因作業環境、
 氣候、使用的材料而有不同。請依照
 作業環境加以調整。

❖ 本文中出現的器具一律採用各店所慣
 用的稱呼，因此，即使是相同器具，
 仍可能出現不同名稱的情況。

前 言

高級甜點店爭奇鬥艷,在充滿美麗甜點的世界中,如何讓顧客選擇自家的蛋糕?

現在是透過SNS收集甜點資訊已成為理所當然,藉著照片判斷好壞,蛋糕視覺效果倍受重視的時代。

透過視覺效果帶來衝擊的方法有很多。令人著迷的浪漫氛圍、可愛的造型,或是透過鮮豔的色彩引誘出刺激的味覺觀感……。能夠用視覺方式表現出蛋糕構想的裝飾技巧,可説是連接甜點師和顧客的重要溝通道具。

即便使用完全相同的裝飾配件,光是裝飾方法的不同,就能使印象瞬間改變。在裝飾技巧中,學習裝飾配件的製作技術的同時,以何種形狀去運用那個技術的創作力,更是非常重要的一環。

本書將連同蛋糕的裝飾方法,為各位介紹在SNS上廣受歡迎的人氣甜點師的裝飾技巧。

甚至,「Intercontinental Tokyo Bay(東京灣洲際酒店)」的德永純司甜點主廚,還會以小型裝飾為重點,傳授更有效率製作出美麗裝飾配件的基本技術,5名甜點主廚將會介紹發揮個人獨特個性的裝飾蛋糕。不光是裝飾配件的製作,了解甜點主廚們的裝飾方法之後,應該能讓自己的創作力有更進一步的提升。

在展示櫃內引領風騷

日常慣用的
裝飾

德永主廚傳授的內容是，以小蛋糕為主的小型裝飾。
這是以基本技巧為基礎，並為了讓現場工作人員都能獨立作業，
而加以鑽研出的製作方法。全都是些時尚且華麗，
同時又不容易失敗，作業效率絕佳的裝飾技巧。
不僅能成為平日營業的速戰力，
也能作為婚禮蛋糕等大型裝飾的基本技巧，
只要加以學習，就能擁有更多的應用能力。

傳授者
────────
東京灣洲際酒店
德永純司

Junji Tokunaga

非調溫
巧克力的裝飾

非調溫巧克力的特徵是，柔軟且容易成型，形狀的自由度較高。雖說因為容易溶解、冒汗的關係，而常常被敬而遠之，不過，因為易溶於口、口感柔滑，對味覺的構成要素來說，仍然是非常易於使用，使用性絕佳的素材。

雖說在巧克力裡面添加油脂，也是增強延展性的一種方法，但是，必須依照氣溫去改變配方等，仰賴經驗的部分比較多，所以這裡就使用任何人都可以成功的100%巧克力。把巧克力加溫至40℃以上，使結晶完全溶化後，再開始作業吧！

大理石角笛

1 把紅色的巧克力用色素倒進一半用量的白巧克力裡面，調色成粉紅色，倒進調理盤，厚度約2mm左右。

2 巧克力遍及整體之後，放進冷藏冷卻凝固。緩慢凝固會使巧克力內部形成結晶，不僅很難刮，外觀也會變得不漂亮，所以務必要放進冷藏急冷。

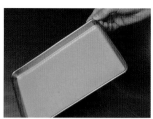

3 把沒有調色的白巧克力倒在上方，厚度同樣約2mm左右，遍及整體後，放進冷藏冷卻凝固。

4 以相同的方式，依序倒入粉紅色的巧克力和白巧克力，每次倒入後，就放進冷藏凝固，一共製作成4層。

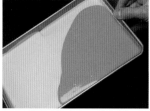

5 從冷藏中取出，暫時放置，使巧克力恢復常溫。冷卻狀態下很難進行下一個作業。

6 把牛軋糖刀（Nougat Cutter）按壓在巧克力上方，朝垂直方向刮削。關鍵就在於施力要一致。如果施力改變，表面會變得不夠平滑，要多加注意。

7 也可以使用圓形圈模代替，可是，因為是一邊施力刮削，所以厚度較厚的牛軋糖刀會比較容易使用。

蛋糕的裝飾

1 把12.5%用量的沙拉油和冷凍草莓乾倒進白巧克力裡面，製成淋醬。

2 把小蛋糕放進淋醬裡面浸泡，保留上方1cm的空間。

3 把小蛋糕放在酥餅上面，黏接起來。用20號的聖歐諾黑形花嘴，在上方擠出加了覆盆子糖漿的奶油醬。

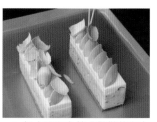

4 把大理石角笛分散裝飾在上方。

緞帶

1 溶解巧克力，溫度調整至45℃左右，倒在預先放進冷凍庫確實冷凍的鐵板上面，平鋪成2mm的厚度。鐵板是冰冷的，所以要提高巧克力的溫度，預防巧克力馬上凝固。

2 馬上用刀子把巧克力切割成緞帶狀。大膽採用傾斜的線條，改變緞帶的粗細，就能讓裝飾更顯生動。

3 在巧克力完全凝固之前，把2條巧克力緞帶從鐵板上撕下，平貼在蛋糕的上方。

4 趁巧克力還很柔軟的時候，沿著蛋糕的邊緣，彎摺緞帶。不要過度緊密貼合，讓緞帶稍微浮起，就能製作出更顯立體的裝飾。

封蠟章

1 使用信封封蠟用的封蠟章。用風槍清潔印章表面，冷卻備用。

2 讓巧克力的溫度降低至比40℃略低的程度，使巧克力產生黏性，裝進擠花袋裡面，擠在緞帶上方。

3 把冷卻的印章按壓在巧克力上方，製作出浮雕圖樣。

巧克力包裝紙

1 把紅色的巧克力用色素倒進白巧克力裡面，調色成粉紅色，並將溫度調整至45℃左右。倒在預先放進冷凍庫確實冷凍的鐵板上面，用抹刀抹平至1mm的厚度。

2 配合小蛋糕的尺寸製作塑膠製的長方形（這裡的尺寸是19.5×6cm），把塑膠板平貼在上方，沿著塑膠板進行裁切。

3 在長方形的正中央切出L字形的刀痕。

4 趁還沒有凝固的時候，把巧克力從鐵板上撕下，讓切口處朝上，捲在小蛋糕外圍。

5 在上面裝飾糖粉奶油細末或水果，就能從缺口處窺探到甜點之美。

本質

黑醋栗

調溫巧克力的裝飾

對甜點師的裝飾來說，略帶光澤，可製作出銳利形狀的調溫巧克力，是不可欠缺的存在，同時也有各種不同的技巧。這裡將介紹更容易運用的代表性裝飾。如果沒有確實做好基本的調溫，不是怎麼樣都無法凝固，就是容易崩塌，所以務必確認調溫成功後，再進行作業。

薄荷巧克力

濃茶

大理石薄片

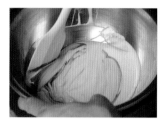

1 把綠色和黃色的色素倒進一半用量的調溫白巧克力裡面，把顏色調整成黃綠色。

2 把OPP膜鋪在木板上，倒上黃綠色的巧克力。作業步驟較多時，如果在鐵板上進行作業，巧克力就會馬上冷卻凝固，所以在作業台鋪上木板會比較容易使用。

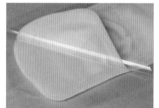

3 把相同份量，沒有調色的白巧克力，倒在步驟**2**的巧克力上面。

4 覆蓋上OPP膜，用擀麵棍把厚度擀壓成2mm左右。

5 馬上撕開2片薄膜，風乾至不會沾手的程度。

6 把OPP膜朝上，放在分割器上面，把切刀往下壓，進行切割。

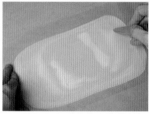

7 用刀子在垂直方向隨機劃切出數條波浪線條。

8 用2片鐵板夾住壓平，讓巧克力完全冷卻凝固。

9 凝固後，撕掉薄膜。

條紋波浪

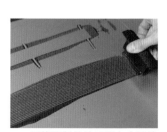

1 把調溫巧克力薄塗在寬度切成3cm的帶狀OPP膜上面。

2 用橡膠製的梳子從上方開始描繪，畫出纖細的條紋模樣。

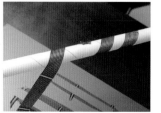

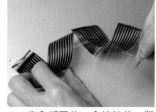

3 在間距10cm的位置，加上垂直的線條。

4 趁巧克力還沒凝固時，把巧克力捲繞在擀麵棍或保鮮膜的軸芯上面，製作出形狀。

5 完全凝固後，拿掉軸芯，撕掉OPP膜。

薄荷巧克力

1 把薄荷甜露酒和切碎的薄荷葉加進鏡面果膠淋醬裡面，從冷凍的慕絲上方淋下。

2 放在彼士裘伊海綿蛋糕上面，裝飾上大理石薄片。

濃茶

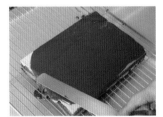

1 在抹茶歐培拉蛋糕上面淋上抹茶淋醬。

2 把蛋糕切成4cm寬，放上條紋波浪。

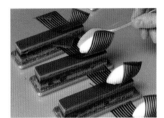

3 把奶油醬製成紡錘狀，放在條紋波浪上面，裝飾上金箔。

基本的調溫

1 溶解巧克力，讓溫度上升至a溫度。

2 一邊攪拌，直到溫度冷卻至b溫度。

3 一邊攪拌，加溫至c溫度後再使用。

依種類而不同的溫度差異

黑巧克力……a 50～55℃、 b 27～28℃、 c 31～32℃
牛奶巧克力…a 40～45℃、 b 26～27℃、 c 28～29℃
白巧克力……a 40～45℃、 b 25～26℃、 c 28～29℃

（使用前，請務必先用切麵刀沾上少量試作。溫度會因品牌而有不同，請參考包裝上的調溫標示）

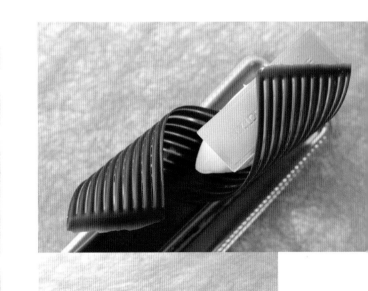

✤ 巧克力半球

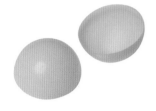

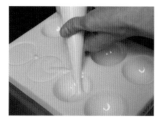

1 用擠花袋把調溫巧克力擠進直徑6cm的半球模型裡面。

2 馬上傾倒模型,讓多餘的巧克力流出。

3 把模型顛倒,以晃動方式確實甩掉多餘的巧克力,讓厚度落在2mm左右。

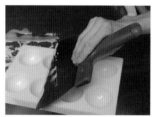

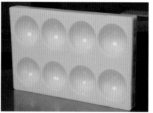

4 用刮刀刮除沾在上面的巧克力。

5 把模型直立放置,讓巧克力完全凝固。只要不把模型顛倒,採橫向放置,剖面就不會產生毛邊,就可省去刮除毛邊的時間。

蛋糕的裝飾

1 用瓦斯噴槍加熱鐵板。

2 把半球的剖面按壓在鐵板上,讓剖面稍微溶解。

3 在剖面沾上椰子粉。

4 把慕斯裝進玻璃杯,放上糖粉奶油細末。

5 覆蓋上巧克力半球,放上芒果和百香果。

除了有趣的視覺效果外,中央隔著巧克力,能防止水果的水分沾濕糖粉奶油細末,就能同時維持口感。

甜點杯

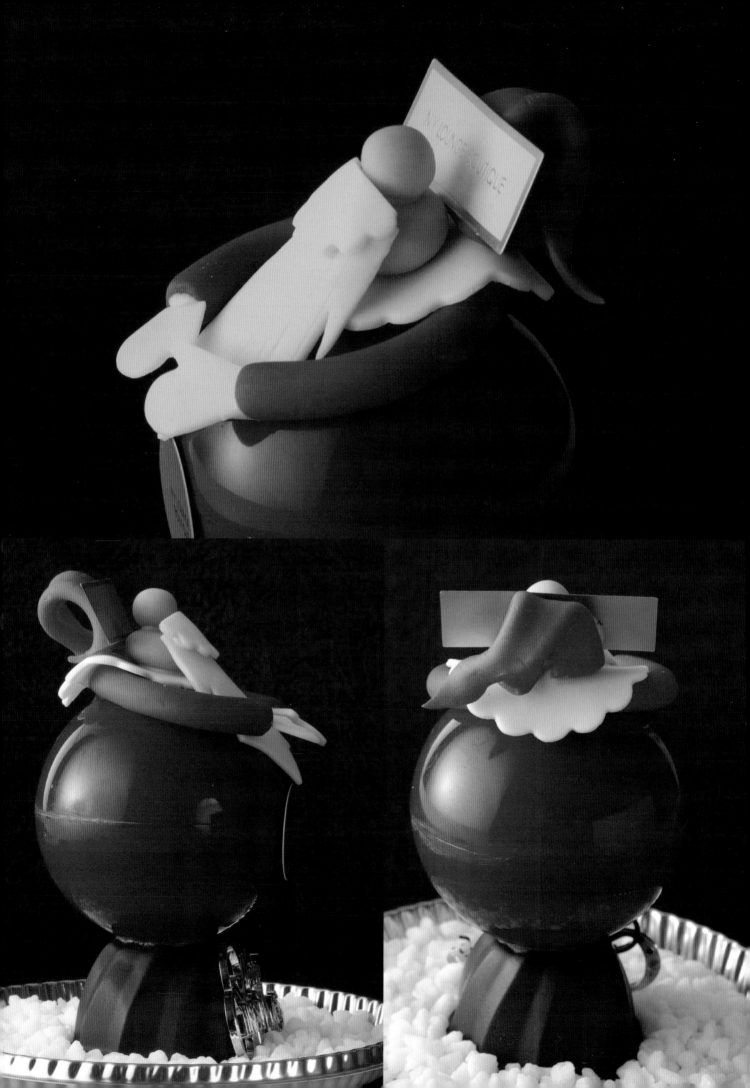

聖誕巧克力

巧克力球

1 用巧克力噴霧器，把紅色的巧克力用色素噴灑在直徑7cm的半球形模型上面。

2 把調溫巧克力裝進擠花袋，擠進鑄模直到最頂端。

3 馬上傾倒模型，讓多餘的巧克力流出。

4 確實晃動模型，讓多餘的巧克力完全流出。

5 避免模型直接接觸作業台，讓模型跨在角棍上面，朝下放置，直到巧克力完全凝固。凝固後，脫模。在顛倒放置的情況下凝固，邊緣會變得比較厚，如此一來，2個半球組合時，黏接面就會變寬，就能更確實黏合。

聖誕老人的塑型巧克力裝飾

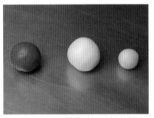

1 把紅色、黃色的巧克力用色素混進塑型巧克力裡面，進行調色，仔細揉捏，分別製作出紅色、膚色、白色的球。

2 用擀麵棍把白色的塑型巧克力擀壓成1.5mm的厚度，用大小的菊花和心形模型進行壓切。

3 用刀子切出鬍子的形狀，心形切掉單邊，製作成手套。

4 用擀麵棍把紅色的塑型巧克力（3分之1用量）擀壓成1.5mm厚，切成等邊三角形。

5 把邊緣接合起來，製成細長的圓錐狀。

6 在正中央的位置傾斜彎摺，調整成帽子的形狀。

7 剩下的紅色塑型巧克力擀成直徑1cm、長度10cm的條狀，彎摺成U字形。

8 膚色的塑型巧克力分別搓成2cm和1cm的球體。大的球體稍微按壓，使其呈現略為扁平的形狀。

可隨意使用塑型巧克力的魅力

所謂的塑型巧克力（Plastic Chocolate）是在巧克力裡面添加水飴等材料，質地柔軟的工藝用巧克力。雖然缺乏光澤，但不需要管理溫度，可以像黏土那樣自由伸展、搓圓，製作成各種形狀，也可做出細膩的工藝，所以最適合用在希望幫甜點添加小巧裝飾的時候。搓揉成容易作業的硬度，修整出平滑表面後再進行使用。如果在堅硬狀態下使用，表面會龜裂，就無法製作出美麗的作品。

組裝

1 把調溫的巧克力淋在直徑5cm的咕咕洛夫模型上面，凝固之後，脫模。這個配件就是聖誕老人的底座，為了讓底座有足夠的承重力，所以不製作成中空。

2 用瓦斯槍溶解巧克力球的底部，讓巧克力球黏接在咕咕洛夫上面。

3 放進杏仁巧克力等材料。

4 用瓦斯槍加熱鐵板，把另一個巧克力球的剖面按壓在鐵板上，使剖面稍微溶解。

5 把巧克力球疊放黏接在步驟3的巧克力球上方，製作出球體。

6 用瓦斯槍加熱的刀子輕壓頂端，使頂端的巧克力溶解。

7 放上調整成條狀的手臂用塑型巧克力，黏接起來。

8 把溶解的白巧克力裝進擠花袋，擠出，黏接上較大的菊形塑型巧克力。菊形上面也要擠上巧克力，用來黏接臉部用的塑型巧克力。

9 同樣擠上巧克力，黏上鼻子用的塑型巧克力。用風槍噴吹黏接面，使其完全冷卻凝固。

10 依序黏接上鬍子用的塑型巧克力、切成對半的小菊形。

11 分別黏接上手套用的塑型巧克力、帽子用的塑型巧克力。

12 把蛋糕插卡擺放在3處，完成。

酥餅的裝飾

即便是燒菓子，仍可以依照形狀，加以運用在裝飾上面。這裡試著把平常多半烘烤成平面的酥餅，烘烤成立體的半球狀。不僅形狀有趣，希望把具有流動性的甘納許或奶油醬使用於蛋糕的時候，也可以當成容器使用。

酥餅圓頂

1 把可可亞酥餅麵團擀壓成2mm的厚度，再用直徑6.5cm的圓形圈模脫模。把半球形的多連矽膠模顛倒放置，再把麵團排放在上方。

2 用180℃的烤箱烘烤15分鐘左右。利用熱度讓麵團自然沿著模型的形狀塑形成圓形。冷卻後，從模型上取下。

3 使用時，把可可脂噴霧噴灑在內側，預先止住濕氣。

蛋糕的裝飾

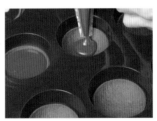

1 用巧克力噴霧器，把用可可脂稀釋的巧克力噴灑在冷凍的圓柱形慕斯上面。

2 把添加杏仁碎粒的巧克力溶解，溫度調整至40℃，把慕斯放進其中浸泡，保留上方1cm的空間。

3 把甘納許注入酥餅圓頂，至邊緣下方5mm左右的位置。

4 擠進巧克力淋醬，把甘納許遮蓋起來。

5 在慕斯上面擠上少量的巧克力淋醬，放上酥餅圓頂，黏接起來。

6 在切成對半的覆盆子的剖面擠上鏡面果膠，製作出光澤，然後裝飾。

巧克力覆盆子

全新的翻糖裝飾

糖霜蛋糕的世界裡，在近幾年開始深受矚目的是，在翻糖膏（Sugar Paste）裡面添加增稠劑的新素材。不同於傳統的翻糖膏，這種翻糖膏較具柔軟性，所以如果是蕾絲那樣的輕薄配件的話，在乾燥之後仍然可以彎摺，就可以製作出立體的形狀，這便是翻糖的最大特徵。只要把熱水加進市售的糖粉裡面，然後再加以揉勻就行了，任何人都可以簡單製作。

✦ 糖蕾絲

德永主廚個人最愛使用的是，SilikoMart（義大利）製的糖蕾絲用混合粉「Tricot Mix」。同時搭配Tricot Mix專用的矽膠蕾絲模型。

1 對100g的Tricot Mix加入80g的熱水（40～45℃），用攪拌機攪拌至柔滑程度。溫度偏低時，就增加熱水的量，調整溫度，並調整成濃稠的糊狀。

2 用橡膠刮刀塗抹在矽膠製的蕾絲模型上面。

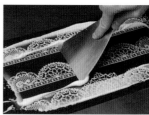

3 用刮刀刮除沾在表面的多餘份量。如果有多餘的殘留，就無法做出漂亮的蕾絲，所以要仔細去除乾淨。

◆◆◆ 泰莓淋醬

【配合】
鏡面果膠	1680g
鏡面淋醬	672g
泰莓果泥	504g
覆盆子濃縮果汁	98g
NH果膠	7g

4 用120℃的烤箱烘烤10～20分鐘左右，直到不會沾手為止。

5 從模型上撕下。剛出爐的時候會有點鬆脆僵硬，但只要放置一段時間，吸收到空氣中的水分後，就會變得柔軟。

蛋糕的裝飾

1 把泰莓淋醬的材料混合溶解，淋在冷凍的慕斯上面。

2 依照法式蛋糕的尺寸裁切糖蕾絲，傾斜平鋪。只要放置一段時間，糖蕾絲就會沿著法式蛋糕的形狀彎曲，自然密合。

3 把白色的塑型巧克力擀壓成1.5mm的厚度，用糖霜蛋糕用的雪花結晶模型進行脫模。

4 裝飾上在剖面沾上糖粉的覆盆子和切片的草莓，再裝飾上塑型巧克力的裝飾。

Noel de la tantation

不同素材的組合裝飾

把水飴和煙捲麵糊組合在一起，製作成單一配件。使用質感不同的素材，藉此創造出對比，強調立體感和亮澤度。這裡大膽地在水飴的表面製作出凹凸，藉此真實表現出切片柚子的顆粒感。

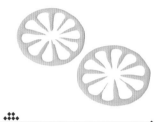

柚子瓦片

煙捲麵糊

【配方】
無鹽奶油	200g
糖粉	200g
杏仁粉	70g
蛋白	200g
二氧化鈦	適量
低筋麵粉	160g

製作方法
1 把糖粉分2次加進乳霜狀的奶油裡面，攪拌混合。
2 把蛋白分2次加入，並加入杏仁粉，攪拌混合。
3 和低筋麵粉一起，過篩撒入二氧化鈦，用橡膠刮刀攪拌，直到粉末感消失為止。

糖脆片

【配方】
精白砂糖	450g
翻糖	680g
柚子皮	4顆的份量

製作方法
1 把精白砂糖和翻糖（已經製作完成的現品）混合在一起，熬煮至160℃。這裡要把柚子風味加進水飴裡面，所以在準備關火前，也要把柚子皮混入。
2 倒在矽膠墊等工具上面，讓其完全冷卻凝固。
3 用食物處理機絞碎成粉末狀，再用濾網過篩。

1 使用矽膠墊製成的自製模型。在矽膠墊上面挖出直徑7cm的圓形，再將圓形剪裁成菊形，讓形狀看起來就像是切片的柚子。

2 只把挖空的模型放在矽膠墊上面，撒上厚厚的一層糖脆片。

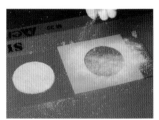

3 拿掉模型，用150℃的烤箱烘烤2～3分鐘。

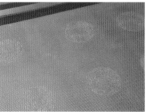

4 糖脆片溶化，呈現透明之後，取出放涼備用。

5 把2個模型一起放在另一個矽膠墊上面，用抹刀塗抹上加了二氧化鈦的煙捲麵糊。因為添加了二氧化鈦，所以不容易產生烤色，就能維持白色。

6 整體均勻地塗抹。

切半

7 拿掉外側的模型，一邊注意避免接觸到麵糊，小心地去除掉菊形的模型。

8 用150℃的烤箱烘烤6分鐘左右，出爐後放涼，從矽膠墊上取下。

9 把煙捲麵糊重疊在水飴的上方。

10 用150℃的烤箱烘烤1分鐘左右，使水飴溶解，讓2種配件黏接在一起。完全放涼後，從矽膠墊上取下。

蛋糕的裝飾

1 參考18頁，把色素改成黃色，製作直徑7cm的巧克力球。

2 這裡不打算把2個巧克力球組合在一起，所以脫模之前，要先用刮刀刮削表面，把毛邊去除乾淨。

3 脫模，在裡面裝填慕斯，或是糖漬柚子、果凍。

4 疊上柚子瓦片，完成。

靠第一印象取勝

玩弄樣式的
裝飾

「希望藉由蛋糕的外型勾起人們對味覺的想像」，
這就是上霜主廚對甜點裝飾的想法。
讓蛋糕外型產生各種變化的裝飾風格。
只要看過一次就忘不了的獨特樣式，
賦予蛋糕嶄新感受與生動表情。
本章將把重點放在全新模型的使用方法，
為各位介紹創造出獨特樣式的訣竅。

傳授者

Avranches Guesnay

上霜考二

Koji Ueshimo

獨特個性傳遞美味

隨著矽膠的普及，市面上出現了許多生菓子也能使用的各種模型。

對於把味覺與形狀連結列為優先考量的上霜主廚來說，水果模型是最理想的形狀。只要一有新款上市發售，總是會在第一時間採購。

蘋果形狀的小蛋糕是，把3顆份量的蘋果濃縮成一個，極盡奢華的反轉蘋果塔。覆盆子形狀的甜點是，在添加了紅醋栗和覆盆子的塔上面，重疊上加了香辛料的巧克力奶油醬、開心果慕斯、覆盆子果醬的酸甜滋味。巧妙地運用模型，讓味覺的想像更加豐富膨脹。

惠比壽覆盆子

反轉蘋果塔

惠比壽覆盆子

覆盆子果凍

【配方】
覆盆子果泥 …………… 152.2g
水 ……………………… 152.2g
精白砂糖 ……………… 43.4g
片狀明膠 ……………… 7.8g

1 把覆盆子果醬擠在用直徑5cm的圓形圈模烘烤的塔上面，放上添加香辛料的巧克力奶油醬（冷凍），最後再擠上開心果的慕斯林奶油餡。冷凍備用。

2 把水、精白砂糖加進覆盆子果泥裡面，加溫至55℃，使砂糖溶解。

3 把步驟**2**的材料倒進溶解煮沸的明膠裡面，冷卻至30℃。

4 倒進矽膠製的覆盆子模型，至七分滿。

5 把步驟**1**輕輕壓進模型裡面。放進冷凍庫冷卻凝固。

6 完全凝固後，脫模，裝飾上金箔。

反轉蘋果塔

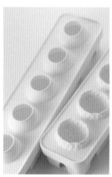

使用SilikoMart（義大利）製的矽膠模型。（覆盆子模型＝Mora & Lampone；蘋果模型＝Ciliegia & Pesca）

1 切成對半的蘋果和三溫糖、奶油一起，用低溫的烤箱熬煮24小時，直到軟爛。裝進矽膠製的蘋果模型，用負40℃進行急速冷凍，脫模。在常溫下，糖度較高的食材會馬上開始溶解，所以脫模後要快速進行作業。

2 把可可脂、清澄奶油、堅果糖、烘烤過的杏仁碎放進巧克力裡面溶解，將溫度調整成32℃。用竹籤插著步驟**1**的蘋果，浸泡整體，裹滿巧克力。

3 直接放置凝固。竹籤刺穿的小孔要用來插入裝飾配件，所以竹籤要刺在蘋果的凹陷部位。凝固後，拔掉竹籤。

4 把調溫的巧克力裝進擠花袋，在OPP膜上面擠出短的棒狀。把巧克力的溫度調整成27.5℃，在有黏性的狀態下擠出，就能呈現出立體感。

5 在切成方形的派皮中央擠上少量的水飴，放上蘋果，黏接起來。如果使用巧克力作為黏接劑，剝離時，蘋果會滾動掉落，所以帶有黏度的水飴比較容易使用。

6 把巧克力製成的蘋果梗插進竹籤刺穿的孔裡面。

水紋造型和泡沫凝膠
表現出水嫩感

阿提米絲使用模仿水珠滴落水面時的漣漪模樣的「水滴模型」。為了表現出瞬間的美感，搭配使用的是讓人同樣感覺水嫩且逐漸消失的氣泡裝飾。這種氣泡是把加了明膠的草莓果泥加以攪拌製成的果凍，能夠確實維持外觀形狀，就算在展示櫃裡擺上數小時也沒問題。

最後加工的蛋白霜，用染成粉紅色的巧克力披覆，在防止濕氣，維持口感的同時，也能讓色調更顯一致。

阿提米絲

泡沫凝膠

泡沫凝膠

【配方】
草莓果泥 ···················· 120g
水 ···························· 160ml
精白砂糖 ···················· 90g
片狀明膠 ···················· 8g

1 把草莓果泥加熱至40℃。

2 把水和精白砂糖煮沸，放進用水泡軟的明膠溶解，加入果泥混合攪拌，放置一晚。為了提高氣泡的維持性，明膠採用較多的份量。

3 用高速的攪拌機開始打發。

4 起泡後，切換成中速，持續打發直到蓬鬆起泡。攪拌過度，果凍就無法凝固，相反的，打發速度如果太慢，就會馬上凝固，所以打發的狀態非常重要。

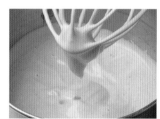

5 為了讓果凍可以在接觸到蛋糕後馬上凝固，要一邊冷卻鋼盆，一邊攪拌。呈現出厚重的慕斯狀就完成了。

巧克力披覆的蛋白霜

1 用10mm的8齒星型花嘴，把義式蛋白霜（製作方法參考34頁）擠成橢圓形。

2 用130℃的烤箱確實烘烤，直到內部焦化，變得香酥。

3 溶解白巧克力，加入紅色的巧克力用色素，染成粉紅色。

4 用手輕輕壓碎蛋白霜，使蛋白霜呈現任意形狀，放進步驟**3**裡面，進行披覆。

蛋糕的裝飾

1 使用矽膠製的水滴模型（SilikoMart製），製作慕斯，冷凍後，脫模。

2 把草莓淋醬的溫度調整為36℃，從上方淋下覆蓋整體。凹陷處的厚度略厚，凸出處的厚度較薄，所以會呈現出自然的顏色漸層。

3 把披覆巧克力的蛋白霜、黑莓、巧克力板裝飾在上面。

4 用湯匙把泡沫凝膠放置在各處。只要讓泡沫凝膠的溫度下降到幾乎快凝固的狀態，放置到蛋糕上面的時候，就會馬上凝固，不會滴落，就能製作出鬆軟的立體裝飾。

5 裝飾上金箔，把鏡面果膠裝進擠花袋，將少量擠在黑莓上面，裝飾成水滴風。

草莓淋醬

【配方】

草莓果泥 ………………… 78g
NH果膠 …………………… 16g
精白砂糖 ………………… 168g
水 ………………………… 450g
水飴 ……………………… 116g
海樂糖 …………………… 110g

＊海樂糖（Hallodex）是水飴的一種，特色是加熱導致的色彩變化較少，甜味也比較穩定。

製作方法
1 把水、水飴、海樂糖加進草莓果泥裡面，加熱至40℃。
2 把果膠和精白砂糖混合攪拌，分次加入步驟**1**裡面，溶解煮沸。
3 倒進容器裡面，蓋上保鮮膜，放涼。

運用蛋白霜的
天然形狀

希望讓顧客確實品嚐唯有義式蛋白霜才有的獨特美味，於是大膽地在塔上面盛滿大量的蛋白霜。直接運用蛋白霜鬆軟、柔滑的曲線，製作出輪廓鮮明、獨特的裝飾。

蛋白霜只把表面烤硬，內側則保留入口即化的口感。由於烘烤時間較短，所以無法呈現出焦糖化的美味，因此，在蛋白霜裡面添加了焦化的榛果，藉此彌補香氣的不足。粗略的混合方式，不僅可以製造出味覺重點，色彩也會呈現出自然的大理石紋理。

義式蛋白霜的裝飾

1 把精白砂糖和水混在一起，製作出糖漿，溫度加熱至118℃。分次把糖漿加進確實打發的蛋白裡面，一邊打發。

2 份量增多，呈現出蓬鬆厚重感之後，打發就完成了。

3 把確實烘烤至深褐色，再用食物處理機攪拌成膏狀的榛果裝進擠花袋，再擠到蛋白霜裡面，份量約為蛋白霜的15%。

義式蛋白霜

【配方】
蛋白 …………………… 100g
精白砂糖 ……………… 200g
水 ………………………… 50g

4 為了製作出大理石的紋理，僅粗略的混合即可。

5 把大黃根醬裝填到烤好的大黃根塔裡面，再用湯匙把蛋白霜盛裝在上方，使形狀呈現圓錐狀。

6 撒上糖粉。

7 用220℃的烤箱烘烤3分鐘左右，把表面烤硬。

瑞士蛋白霜
讓形狀更鮮明

利用擠成立體狀的蛋白霜，覆蓋球狀的慕斯，宛如行星般的法式蛋糕。為避免慕斯因本身的重量而使下方扁塌，而把慕斯裝填在巧克力的半球殼裡面，藉此增加硬度。

這裡採用成型性較佳，且最適合細膩工藝的瑞士蛋白霜，強調擠出的銳利線條。即便是相同的蛋白霜裝飾，仍要依據自己最希望呈現的形狀或味道，靈活運用蛋白霜的種類。

shpe're ―球―

🌸 瑞士蛋白霜的裝飾

1 把精白砂糖和水放進鋼盆，隔水加熱，或是直火加熱至60℃左右，一邊打發。

2 蛋白霜呈現略帶光澤且挺立尖角後，即可完成。

3 裝進裝有20號聖歐諾黑形花嘴的擠花袋裡，把一半份量朝筆直方向擠出。

瑞士蛋白霜

【配方】
蛋白 ························ 100g
精白砂糖 ················· 200g

4 剩下的一半份量以描寫字般的方式擠成圓形。不要採用相同大小，只要預先擠出大小各不相同的尺寸，組裝時就會更容易。

5 為避免染上烤色，用60℃的烤箱乾燥烘烤一晚。

🌸 巧克力的羽毛裝飾

1 把調溫巧克力塗抹在刀子的單面。Filet de sole（取魚片用的細軟刀）之類的刀具會比較容易使用。

2 讓沾有巧克力的那一面朝下，把刀子放在OPP膜上面，稍微把刀子往上抬起，一邊往下拖曳。巧克力完全乾掉後，從薄膜上取下。

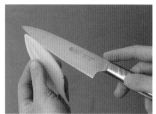

3 用瓦斯槍加熱刀子，在羽毛上切出幾道刀痕。依個人喜好，用刷毛塗抹上金粉等材料。

蛋糕的裝飾

1 把調溫巧克力的溫度調整成31～32℃，倒進直徑12cm的半球模型。

2 放置2～3分鐘，巧克力開始凝固後，倒出多餘的巧克力。

3 用抹刀刮除沾在邊緣的巧克力，冷卻凝固。凝固後，倒進巧克力慕斯，冷凍備用。

4 把調溫巧克力倒進直徑6cm的圓形圈模，厚度約1cm左右，放置凝固，製作出巧克力的底座。用瓦斯槍加熱湯勺，在底座上面下壓。

5 讓中央呈現凹陷，製作出法式蛋糕的基座。

6 把步驟 **3** 脫模，放在基座上，確實固定之後，再疊上用直徑12cm的半球模型填餡冷凍的巧克力慕斯。

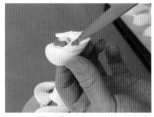

7 在蛋白霜的背面塗抹巧克力慕斯，黏貼在法式蛋糕的上方。

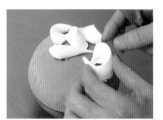

8 一邊注意形狀和黏貼的方向，仔細把上半部的空間填滿。

9 在下方的巧克力部分黏貼蛋白霜時，則要使用融化的巧克力當成黏接劑。

10 一邊黏貼，遮蓋住上下銜接處。這個時候，只要用刀子稍微在巧克力表面刮出傷痕，就能黏得更緊。

11 仔細黏貼到下緣，連基座都確實遮蓋。

12 以7：3的比例混合溶解巧克力和可可脂，用巧克力噴霧器進行整體的噴霧。

傳統加上創意

說到在日本絕對受歡迎的甜點，當然就是使用大量草莓的草莓奶油蛋糕或是芙連（法式草莓蛋糕）。草莓蛋糕不光是節慶蛋糕當中最常見的訂製蛋糕，更是許多甜點師傅絞盡腦汁，發揮各種靈感創意的主題。

上霜主廚的創意是，不管從哪個角度看都相同的手毯風法式蛋糕。

儘管造型簡單，佈滿全體的火紅草莓卻能直接撼動草莓迷的心。

由於使用了大量的草莓和慕斯林奶油餡，所以很難維持圓形的形狀，因此，甜點師奶油醬和法國奶油餡的比例調配就變得相當重要。組裝方面也要在重量承受上多花費一點心思。

····
芙連
····

蛋糕的裝飾

1 烘烤厚度1cm的傑諾瓦士海綿蛋糕，用直徑7.5cm和6cm的圓形圈模各取1片、直徑4cm的圓形圈模取2片、直徑2.5cm的圓形圈模取8片。

2 把切片的草莓排放在直徑12cm的半球模型裡面，草莓的剖面朝外，緊密排列。

3 用10mm的圓形花嘴擠入慕斯林奶油餡，補滿草莓之間的縫隙。

4 把直徑4cm的傑諾瓦士海綿蛋糕放在正中央，再用慕斯林奶油餡覆蓋上面。

5 擠到7分滿之後，放上直徑7cm的傑諾瓦士海綿蛋糕。

6 擠滿慕斯林奶油餡，直到模型的邊緣。

7 用抹刀把上面抹平，放進冷藏冷卻凝固。

8 在OPP膜的上面重疊放上直徑5cm和4.5cm的圓形圈模，把調溫巧克力倒進兩個圈模間的縫隙，冷卻凝固後，脫模。

慕斯林奶油餡

【配方】
法國奶油餡
　蛋白 ····················· 150g
　精白砂糖 ················ 300g
　水 ························· 75g
　無鹽奶油 ················ 450g
甜點師奶油醬
　牛乳 ······················ 1ℓ
　香草棒 ················· 1/3支
　香草醬 ···················· 1g
　冷凍蛋黃（加糖20%）
　······················· 300g
　精白砂糖 ················ 160g
　甜點師奶油醬用粉末
　························· 140g
　無鹽奶油 ················ 100g

＊甜點師奶油醬和法國奶油餡以2：1的比例混合。

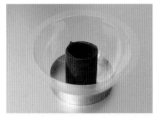

9 把步驟 **8** 的巧克力放在直徑 12cm 的半球模型的正中央。

10 切片的草莓,把剖面朝外,緊密排放在側面。

11 擠進一圈慕斯林奶油餡,填滿草莓之間的縫隙。巧克力筒的中央也要擠入慕斯林奶油餡。

12 把直徑 4cm 的傑諾瓦士海綿蛋糕放進巧克力筒裡面,再擠進慕斯林奶油餡,直到巧克力筒上方。

13 把 7 片直徑 4cm 的傑諾瓦士海綿蛋糕排放在巧克力的周圍,再擠進慕斯林奶油餡,直到模型邊緣。

14 用抹刀把上面抹平,放進冷藏冷卻凝固。

15 步驟 **7** 和步驟 **14** 分別進行脫模,有巧克力筒的那一個放在下方,將 2 個半球組合成球狀。再次放進冷藏冷卻凝固。

16 用毛刷把鏡面果膠塗抹於整體,完成。

塑型巧克力的小花

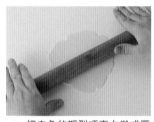

1 把白色的塑型巧克力擀成厚度 2mm。

2 用糖霜蛋糕用的花模型進行壓切。

3 把用黃色的巧克力色素染成黃色的塑型巧克力,搓成直徑 5mm 左右的圓球,按壓黏接在花的中央。

挑逗熟女的心
流行主題的
裝飾

在動物、花卉等可愛主題當中，
中山主廚的風格顯得格外優雅。
之所以採用流行色彩，仍可以表現出成熟的沉穩氣息，
是因為中山主廚把霧面和光澤有效運用在各個配件。
為各位介紹一邊檢視蛋糕整體的平衡，一邊巧妙控制質感，
展現出纖細感性的耀眼裝飾。

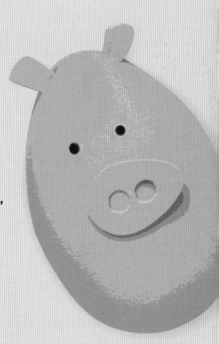

傳授者

Occitanial

中山和大

Kazuhiro Nakayama

細膩的動物蛋

運用復活節用的蛋形巧克力，以圓滾滾的可愛動物為主角。用巧克力噴霧器噴上色素，製作出霧面質感，只畫出眼睛，大膽製作出面無表情的模樣，既可愛又細膩。

在周圍裝飾上鮮豔的莓果系列的水果和食用花，宛如朝露般，把果膠擠成點狀，讓果膠在蛋糕上閃耀發光，增添色彩和質感上的對比。

夢幻花園

迷你尺寸就算只有裝飾一隻動物，仍然可以華麗呈現。水果就配合小雞的雞冠，只採用紅色的水果，如此就能更顯一致，營造出高雅的氛圍。

迷你尺寸就算只有裝飾一隻動物，仍然可以華麗呈現。水果就配合小雞的雞冠，只採用紅色的水果，如此就能更顯一致，營造出高雅的氛圍。

✿ 動物蛋

1 把調溫的白巧克力調整成29℃，倒進蛋形的鑄模。採用較低的溫度，讓巧克力具有黏性，就可以比較快凝固，同時製作出厚度。如果厚度太薄，不僅容易破損，動物看起來也會顯得弱不經風，所以要製作出2mm左右的厚度。

2 靜置2分鐘，待巧克力稍微凝固後，把多餘的巧克力倒出來。用刮刀等工具把沾黏在模型上面的巧克力刮乾淨。待巧克力完全凝固後，脫模。

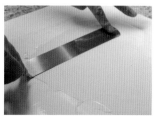

3 和步驟**1**相同，把調整好溫度的巧克力倒在OPP膜上面，用刮刀抹平成1～1.5mm厚度，放涼凝固。

4 用長邊直徑2cm和3cm的蛋形模型分別壓切。直徑2cm的配件用5mm的圓形花嘴壓出2個孔洞，製作成豬鼻用配件。

5 還要用7mm的圓形花嘴壓出幾個配件。

6 步驟**5**的配件用小刀斜切掉左右，調整形狀，製作成豬耳用的配件。

7 和步驟**1**相同，用紅色的巧克力用色素，把調整好溫度的巧克力調色成紅色，倒在OPP膜上面，用抹刀抹平成1～1.5mm厚度。

8 用直徑2cm的菊形模型脫模，稍微偏移中心，用直徑2cm的圓形模型重疊壓切，製作出雞冠用的配件。

9 這是使用於各個動物的配件。從上面開始依序為雞、豬、狗。

10 把電熱式恆溫墊加熱，將蛋配件放在上面按壓，使表面稍微溶解。或者，也可以用瓦斯槍加熱鐵板。

11 把蛋配件組合起來。

12 各配件同樣利用恆溫墊融化黏接面，再黏貼在蛋上面。

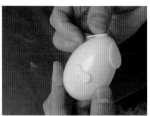

13 小狗的鼻子就用7mm的圓形花嘴壓製而成的配件，把2個黏接在一起貼上。

14 小雞只需要黏上左右兩側的翅膀，雞冠用的配件暫時不黏接，放在旁邊備用。

15 用酒精溶解巧克力用色素，再用巧克力噴霧器進行上色。

16 小豬把紅色和白色混在一起，調色成粉紅色，狗使用焦糖色（直接使用市售的顏色），小雞則染成白色。

17 把雞冠用配件的內側稍微溶解，然後黏接。

18 用棉花棒沾上巧克力色的色素，點上眼睛。

蛋糕的裝飾

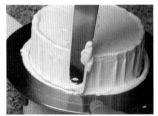

1 海綿蛋糕（6吋大小）用鮮奶油抹面，側面把抹刀直握，一邊轉動旋轉台，一邊輕輕地往左右抹動，製作出波浪模樣。

2 把糖粉撒在上面，製作出霧面效果。

3 把小豬和小狗擺放在蛋糕後方。

4 裝飾上切成4等分的草莓、切片或切成對半的金桔、覆盆子和食用花。

5 把鏡面果膠裝進擠花袋，在水果和花上面滴上少量。

6 裝飾小雞的5吋蛋糕，用鮮奶油抹面後，側面把抹刀橫握，轉動旋轉台，製作出條紋模樣。

7 把小雞放在正中央，在周圍裝飾上切成4等分的草莓、覆盆子和食用花，滴上鏡面果膠。

純白蛋糕
靠質感打造漸層

讓人聯想到婚紗禮服的簡約裝飾，為求婚或婚禮帶來喜悅的祝福。蛋糕裹上光澤明亮的鏡面果膠，點綴上閃閃發亮的銀箔，玫瑰花瓣重現出真實質感，用巧克力噴霧器噴上色素，營造出霧面質感。即便是清一色的白，仍舊可以在光澤、亮度上花點巧思，讓整體的印象不會太顯單調。

塑型巧克力的玫瑰裝飾，似乎可以依照蛋糕的形象製作出2種種類的花瓣。這種蛋糕使用即使只配置1朵玫瑰花，也能夠十分搶眼的大花瓣類型。

純白玫瑰

塑型巧克力的玫瑰

1 把白色的塑型巧克力搓揉成容易加工的硬度,擀成直徑2cm的棒狀。

2 切成厚度1cm的片狀。平均每朵使用10~12片。

3 用手掌壓平。這個時候,單邊不要壓得太平,保留一點厚度,預先製作出厚度差異。

4 用刀子按壓,進一步壓得更薄。刀子使用Filet de sole（取魚片用的細軟刀）之類的刀具會比較容易使用。

5 用直徑6cm的圓形圈模壓切。

6 一邊注意避免弄破,一邊用刀子把巧克力從料理台上剝下。

7 厚的那一端朝下,捲成圓錐形。

8 把這個圓錐形當成玫瑰的花蕊。前端不要太尖銳，使其呈現自然的圓形。

9 讓薄的那端朝上，重疊上第2片花瓣，捲繞在花蕊上面。

10 讓第2片花瓣的接合處，位在第3片的正中央，捲繞上第3片花瓣。

11 一邊檢視整體的協調，一邊把花瓣的外緣往外側掀開。

12 以相同方式，一邊把花瓣往外掀，一邊黏接上花瓣。3片、5片、7片……只要平均每圈增加2片花瓣數，就會比較容易取得平衡。

13 每次重疊上花瓣時，要把花瓣的位置稍微往下方挪移，同時，往外側掀開的弧度也要逐漸增大。

14 一邊檢視整體的協調性，一邊用手指把花瓣的邊緣捏尖，或是在外掀的部分增添一些變化，讓局部更顯細膩。

15 黏接上10～12片之後，從各種角度觀察整體，調整整體的協調性。

16 為了讓玫瑰更容易擺放在蛋糕上，把底部切掉。為了讓玫瑰朝向斜上方向，在底部切出略微傾斜的角度。

17 用酒精溶解白色的巧克力用色素，用巧克力噴霧器噴灑整體。另外製作2片沒有黏接的玫瑰花瓣，同樣用巧克力噴霧器進行噴霧。

荷葉邊類型的玫瑰

1 步驟 **1**～**4**的做法完全相同，之後不使用圓形圈模壓切，直接剝下使用。

2 利用相同方式製作花蕊，重疊上花瓣。

3 巧克力剝下時，邊緣會呈現自然的鋸齒狀。

4 把邊緣往外翻的時候，要注意避免薄的部分撕裂，小心往外側捲曲。

5 檢視整體，讓花瓣整體往外翻捲。

蛋糕的裝飾

1 用直徑15cm左右的圓盤製作蛋糕，淋上白巧克力鏡面淋醬，披覆整體。

2 把塑型巧克力的玫瑰花放在蛋糕的正中央，讓玫瑰朝斜上方向。

3 把玫瑰花瓣插進玫瑰的兩側，再把覆盆子裝飾在花瓣的旁邊。

4 把金箔加進鏡面果膠裡面，混合攪拌，裝進擠花袋。

5 滴數滴加了金箔的鏡面果膠在花瓣上面。

6 把銀箔裝飾在鏡面果膠上面，完成。

白巧克力鏡面淋醬

【配方】
水 ···························· 120ml
海藻糖 ····················· 150g
片狀明膠 ···················· 8g
煉乳 ························· 100g
海樂糖 ····················· 150g
鏡面果膠 ··················· 100g
白巧克力 ··················· 150g
＊海樂糖是水飴的一種，特色是加熱導致的色彩變化較少，甜味也比較穩定。

打破印象的
巧克力裝飾法

柔軟、捲曲的巧克力是任何蛋糕都相當容易使用的絕佳裝飾。這裡使用2種小蛋糕製成田園風格。即便是相同的製作方法，只要改變捲曲的大小和裝飾方式，就可以展現出截然不同的裝飾風格。

———— 花束 ————

———— 萌芽 ————

花束使用的模型是，根據中山主
廚在2015年度的「世界盃甜點大
賽」上所使用的自製模型所產品
化的矽膠模型「SAMURAI」
（SilikoMart製）。側面的平滑波
紋十分典雅。

巧克力圈

1 把調溫巧克力的溫度調整為30℃，用抹刀塗抹在20cm方型的OPP膜上面，厚度約1～2mm左右，晾乾至不沾手的程度。

2 把巧克力裁切成1cm寬。只要把角棍放在OPP膜的兩側，再把量尺橫跨在上面，就不會沾黏到巧克力，在不弄髒巧克力的情況下快速切割。

3 把烘焙紙覆蓋在上方，一邊注意不讓手接觸到巧克力，一邊把OPP膜掀起來。

4 讓烘焙紙朝下，把OPP膜捲在直徑6cm左右的壓克力圓筒上面，用膠帶黏貼固定。

5 製作另一個尺寸。和步驟 **1** 相同，把巧克力塗抹在OPP膜上面，切成1.5cm寬。

6 在上方覆蓋烘焙紙，捲在保鮮膜的軸芯等，直徑4～5cm的圓筒上面。這個部分要捲成2圈，製作成立體的裝飾。用膠帶黏貼固定。

7 在膠帶黏貼固定的情況下，冷卻至完全凝固。

8 撕掉膠帶，抽出圓筒，並且去除烘焙紙和OPP膜。

9 用抹茶色的巧克力用色素染色的白巧克力也一樣，利用與步驟 **6** 相同的方式製作。用白巧克力製作的時候，要先把溫度調整成29℃，再倒在OPP膜上面。

10 捲成2圈的類型，在移除材料的時候容易破損，需多加注意。移除圓筒後，先把烘焙紙抽出。

11 使用牙籤，小心、謹慎地把OPP膜撕開。

蛋糕的裝飾

萌芽

1 用直徑7cm的圓形圈模製作的小蛋糕，在冷凍狀態下脫模，淋上巧克力鏡面果膠，披覆整體。

2 把用直徑6cm的圓筒製作的巧克力圈放在小蛋糕上面。

3 把巧克力酥餅碎裝進巧克力圈的內側，做出土壤般的模樣。

4 放上酢漿草的葉子，裝飾完成。

花束

1 用矽膠製的「SAMURAI」模型製作的小蛋糕，在冷凍狀態下脫模。

2 淋上把抹茶色和黃色的色素混合在一起的鏡面果膠，披覆整體。

3 把染成抹茶色的白巧克力製作成直徑4cm的雙層巧克力圈。

4 把巧克力圈放在稍微偏移中央的位置。

5 把食用花插進雙層巧克力圈之間的縫隙裡面。

巧克力鏡面淋醬

【配方】
水 ……………………………… 120ml
海藻糖 …………………………… 150g
片狀明膠 ………………………… 8g
煉乳 ……………………………… 100g
海樂糖 …………………………… 150g
鏡面果膠 ………………………… 100g
黑巧克力 ………………………… 150g
＊海樂糖是水飴的一種，特色是加熱導致的色彩變化較少，甜味也比較穩定。

接下來，使用前面的巧克力圈來裝飾法式蛋糕。
雖然兩種蛋糕同樣都是使用黃色和茶色2種顏色的
鏡面淋醬來製作大理石紋路，但是，只要稍微改
變繪製紋路的方法和基礎的形狀，就可以分別製
作出甜蜜可愛的形象和酷炫的印象。

狩獵

夏季花卉

大理石鏡面淋醬

1 製作南瓜造型和香蕉造型的法式蛋糕，在冷凍狀態下脫模。兩者的模型都是使用自家製的矽膠模型。

2 淋上混進黃色色素的白巧克力鏡面淋醬（參考51頁），披覆整體。

3 步驟 **2** 的淋醬結束後，馬上擠出裝在擠花袋裡面的巧克力鏡面淋醬（參考55頁），擠成水珠狀。任其隨著重力往下滴落，自然形成漸層。

4 香蕉造型的法式蛋糕也一樣，用白巧克力鏡面淋醬進行披覆。

5 馬上擠上巧克力鏡面淋醬。朝水平方向擠出，一開始擠出較粗的線條，最後使線條變細。

6 只要從前面擠出的位置朝向反方向擠出，就可製作出中央較粗，兩端較細的虎紋風格的大理石紋理。

夏季花卉

1 把白色的塑型巧克力擀壓成1mm厚，用翻糖藝術用的花卉模型壓切。

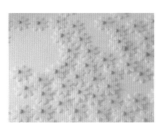

2 把用黃色色素調色的塑型巧克力搓成小圓，製作成花蕊，按壓黏接。

3 參考54頁，用黃綠色的白巧克力製作巧克力圈，裝飾上3個。

4 參考61頁「蛋糕的裝飾」（春天）的步驟**1～3**，用黃綠色的白巧克力製作棒狀巧克力，再連同塑型巧克力製作的小花一起裝飾。

狩獵

1 把調溫巧克力的溫度調整成30℃，用抹刀薄塗在OPP膜上面，放置冷卻凝固。

2 從薄膜上剝下，剝成適當大小。

3 參考54頁，用黑巧克力製作巧克力圈，在上面撒上糖粉。

4 把3個巧克力圈交錯重疊，使裝飾更顯立體。

5 插入步驟**2**的巧克力片，裝飾上覆盆子，完成。

模版讓馬卡龍
變得更浪漫

使用色彩鮮艷的馬卡龍製成的小蛋糕。使用自製的模型，在上面繪製出花紋或草莓紋路，營造出浪漫氛圍。夾著金桔的是橘色和黃色的馬卡龍；草莓則使用草莓紋路的馬卡龍，藉此把味覺和視覺串聯起來。

水果馬卡龍

春天

✿ 馬卡龍的模版裝飾

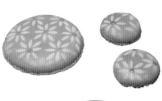

1 使用矽膠膜製成的自製模版。

2 用來製作模版的工具是翻糖藝術用的切模。分別在矽膠膜上面壓切出小花和水滴圖樣。

3 烘烤橘色、黃色、粉紅色的馬卡龍。

4 覆蓋上花紋矽膠膜，用巧克力噴霧器噴上用酒精溶解的白色的巧克力用色素。

5 用棉花棒沾取用酒精溶解的橘色色素，繪製小花的花蕊部分。

6 把水滴圖樣的矽膠膜覆蓋在粉紅色馬卡龍上面，用巧克力噴霧器進行噴灑。

7 用巧克力噴霧器把用酒精溶解的黃綠色色素噴在單邊邊緣，製作成草莓圖樣。

蛋糕的裝飾

水果馬卡龍

1 在直徑7mm的黃色和橘色馬卡龍上面製作出花紋。

2 在黃色馬卡龍上面擠出甜點師奶油醬，黏接上冷凍的烤布蕾，上面再擠上少量的甜點師奶油醬。

3 把切成梳形切的金桔排列在外圍，覆蓋上橘色馬卡龍。

4 繪製出花紋的粉紅色馬卡龍，在外圍排列覆盆子。

5 繪製出草莓圖樣的馬卡龍，在外圍排列切成梳形切的草莓。

春天

1 把調溫的白巧克力調溫成29℃，倒在OPP膜上面，用抹刀抹平至2mm左右的厚度。

2 用三角齒刮板刮出條紋狀。

3 完全凝固後，從OPP膜上面剝下，切成適當長度。

4 用圓盤形的矽膠模型製作小蛋糕，在冷凍狀態下脫模。用巧克力噴霧器把酒精溶解的白色的巧克力用色素噴灑於全體，製作出霧面效果。

5 用星形花嘴擠出圓形的鮮奶油。

6 在直徑3cm的迷你馬卡龍上面繪製出花紋或草莓紋路，夾上甜點師奶油醬，裝飾在步驟**5**的上面。

7 裝飾上步驟**3**製作的棒狀巧克力。

拉糖的光澤
妝點特殊日子的蛋糕

其他素材無法表現，綻放細膩且高雅光芒的拉糖工藝。懼怕濕氣的拉糖，和牛果子納絕對稱不上契合，但是，那樣的纖弱性格正是拉糖惹人憐愛的魅力所在。

Occitanial總是把玫瑰等小巧的拉糖工藝放進專用盒裡面販售，深受拉糖魅力所吸引的顧客更是經常提出希望用拉糖來裝飾蛋糕的請求。為避免蛋糕的濕氣破壞了拉糖的美感，Occitanial便採用把拉糖另外包裝隨附，讓顧客在品嘗蛋糕之前親自裝飾蛋糕，享受另一種裝飾樂趣的銷售型態。

雖然拉糖工藝是一般工作上很少有機會接觸到的裝飾技巧，不過，這種裝飾工藝不僅十分受到顧客的喜愛，同時更能提高甜點師傅的技藝，是值得一學的裝飾配件。

拉糖

拉糖是把水飴反覆拉伸、摺疊，讓糖體充滿空氣，使水飴呈現絲綢般光澤的基本工藝。簡單來說，就是使用烹煮完成的拉糖，進行各種形狀的塑造。

一般來說，高溫熬煮會使水飴固化、光澤增加，但是，中山主廚認為就算熬煮的溫度偏低，一旦溫度下降，水飴凝固之後，光澤應該也會自然增加，所以他把熬煮溫度設定得比一般熬煮溫度更低，甚至還添加了酒石酸（Tartaric Acid）增加伸展性，在更容易處置的狀態下使用。儘管如此，水飴的溫度仍然是超過100℃的高溫，所以作業時請務必穿戴手套，確實做好防護措施。

拉糖用

【配方】
異麥芽糖醇（Palatinit）
.... 1.5kg
水................................ 300g
酒石酸............................ 3g

1 把材料放進鍋裡，加熱至156～163℃。氣候會使熬煮溫度產生變化，因此，冬天加熱至156℃；夏天就加熱至163℃。熬煮時間一旦改變，糖的分解情況也會改變，所以不管調整成哪種溫度，都要調整火侯，使熬煮時間一致。

2 把水飴倒在放置在大理石平台上的矽膠墊上面。

3 放置2～3分鐘後，會從邊緣開始凝固，這個時候就從矽膠墊上慢慢把水飴剝起來。

4 從外側往中央翻滾，慢慢把水飴從矽膠墊上剝起來。

5 讓水飴在矽膠墊內四處移動，進一步冷卻。

6 當水飴不論怎麼移動都不太會流動、擴散的時候，就可以開始進行拉糖了。

7 用雙手抓著，往兩側拉伸，然後摺疊。

8 重覆多次拉伸、摺疊的動作，水飴會因為充滿空氣而逐漸變白，產生光澤。

9 慢慢拉長，進一步充入更多空氣。這個時候，水飴會變得相當硬，所以要施加力道，確實伸拉。

10 抓住兩側拉伸，確認光澤的狀態。工藝製作的過程中，空氣會充入更多，所以只要拉伸到距離理想光澤還差一點點的狀態即可停止。

11 這樣就完成了。如果拉伸過度，水飴會進入結晶化，光澤會變得黯淡。接下來就使用這個拉糖來製作工藝裝飾。

玫瑰

1 選擇整坨拉糖當中最具明亮光澤的部分，從邊緣開始往左右拉伸，讓拉糖薄化延伸。

2 進一步朝垂直方向拉伸成橢圓形，用剪刀剪下適當大小。

3 把前端搓尖，將形狀調整成圓錐形。這個配件用來作為玫瑰的花蕊。因為希望製作出大朵盛開的玫瑰，所以花蕊要做得大一點，讓花瓣更容易黏接。

4 和步驟 **1**～**3** 一樣，裁剪出花瓣，沿著花蕊包裹上花瓣，按壓下方，進行黏接。

5 第2片稍微與第1片重疊，沿著花蕊包裹，第3片同樣也與第2片稍微重疊。只把花瓣的邊緣稍微往外掀。

6 第4片花瓣開始製作略大的花瓣。

7 稍微輕捏一下正中央，讓花瓣的邊緣變尖，再向外側稍微掀開。

8 用拇指壓寬，讓花瓣呈現圓弧，就能製作出更顯真實的花瓣。

9 和步驟 **5** 一樣，黏接在花蕊上面。

10 每環繞1圈，就要進一步加大花瓣的尺寸。

11 每次黏接的位置要稍微往下挪移，往外側掀開的角度也要慢慢變大。

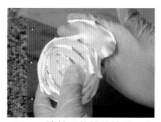

12 一邊檢視整體的協調，大約使用11～13片左右就完成了。

樹葉

1 和玫瑰花的花瓣一樣，同樣從整坨拉糖當中拉出橢圓形，裁切出水滴形狀。尺寸約大於花瓣2倍。

2 用拉糖工藝用的樹葉模型壓出葉脈。

3 往外側稍微彎曲，做出更生動的變化。

藤蔓

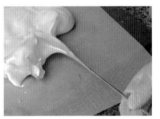

1 用宛如撫摸般的方式，慢慢拉出拉糖，把拉糖拉長、拉細。

2 長度大約拉伸出40cm左右，用剪刀剪斷。根部保留某程度的粗度，使藤蔓更容易黏接。

3 沿著圓形圈模彎摺，冷卻凝固。

蛋糕的裝飾

1 倒出熱煮的水飴，製作出直徑10cm左右的大小，完全冷卻凝固，製作成底座。

2 分別用瓦斯槍加熱底座和玫瑰的底部，稍微溶解後黏接。黏接時，玫瑰花要分別朝向不同角度。

3 用瓦斯槍加熱樹葉的根部，插進玫瑰的下方，進行黏接。

4 讓2條藤蔓在上方交錯，黏接起來。

5 用自製矽膠模型製作的法式蛋糕，淋上用紅色巧克力用色素調色的白巧克力鏡面淋醬，進行披覆。

6 把拉糖放在步驟**5**的上方，把金箔裝飾在法式蛋糕和藤蔓上面，完成。

紀念日裝飾

母親節或生日等年年慶祝的紀念日，
比起特別訂製的大蛋糕，
有更多人偏愛選購陳列櫃裡面的小蛋糕，
來為親愛的家人慶祝特別的日子。
為各位介紹，在一般的訂製蛋糕上面，
採用象徵各節日的裝飾，
讓訂製蛋糕變得比平時
更特別一點點的『紀念日蛋糕』。
濱田主廚製作的蛋糕
總是能讓人感受到手作溫度。
非常適合每次的家族慶祝活動，
簡樸、柔和的裝飾。

Gruneberg

傳授者

Gruneberg

濱田舟志

Shuji Hamada

擠花裝飾的
經典奶油糖霜

以淡粉紅色為基底，利用蛋糕花飾和奶油糖霜的裱花進行裝飾。以結婚紀念日為形象的經典奶油糖霜蛋糕。

奶油糖霜的裝飾技巧是西式甜點師傅的基本技術，不過，由於採用相關技巧的甜點師傅減少了許多，所以最近幾乎很少看到奶油糖霜的裝飾。甚至，許多顧客更在第一眼看到的時候，覺得格外新鮮，同時也感到十分開心。

在動物性油脂的健康觀點重新獲得評估之後，奶油糖霜也開始在近幾年悄悄掀起潮流。在追求與眾不同的時候，奶油糖霜的裝飾技巧是相當值得學習的技術。

負責　菅原麻美

裱花用
奶油糖霜

【配方】

無鹽奶油	300g
義式蛋白霜	
蛋白	80g
精白砂糖	120g
水	40g

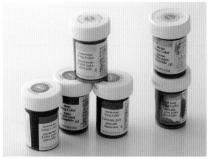

奶油糖霜的上色使用翻糖藝術用的色素（Wilton）。膏狀比較容易使用，就算混進油分，仍然不容易分離，色彩鮮豔這一點更是令人愛不釋手。

玫瑰

1 把翻糖藝術用的色素加進奶油糖裡面，製作出淡粉色和淡紫色的奶油糖霜。玫瑰使用沒有調色和淡粉色的奶油糖霜。添加色素之後，奶油糖霜容易滴垂，所以不可以過度攪拌。

2 擠花袋裝上玫瑰花嘴（103號），裝入調整成相同硬度的雙色奶油糖霜。先在花嘴的尖端位置裝填粉紅色的奶油糖霜。粉紅色的色彩比較強烈，所以裝入少量即可。

3 接著，從上面裝填沒有調色奶油糖霜。以粉紅色1、白色4的比例裝填，就能擠出漂亮的漸層。

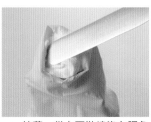

4 用5mm的圓形花嘴，在翻糖藝術用的花釘（迷你轉台）上面，把沒有調色的奶油糖霜擠成圓錐形。這個部分是花蕊。

5 以尖端朝上的方式握著步驟**3**的擠花袋，宛如在花蕊上面放一把雨傘般，在花蕊的3分之1處擠出1圈。只要把曲線畫成山形，讓擠花起點和終點的位置低一點，就可以擠出漂亮的圓錐形。

6 在步驟**5**的擠花終點稍微重疊，進一步擠出1圈。位置只要比前面高2mm左右，就可以製作出立體感。

7 接著，用3片花瓣填滿1圈，分成3次擠出。一邊用指尖轉動旋轉台，一邊讓曲線呈現山形。

8 一邊把擠花位置往上挪移，一邊讓花瓣的上緣往外翻掀。

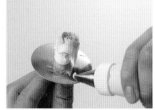

9 平均每圈增加1、2片花瓣，慢慢地擴大尺寸。

10 花瓣也要慢慢加大，盛開的情況也要增大。

11 大約5圈就可以完成。用抹刀從底部撈起，冷凍備用。雖然有效期限和一般的奶油糖霜相同，但因為花瓣比較薄，香氣容易流失，所以最好盡快使用。

三色堇

1 擠花袋裝上玫瑰花嘴（101號），裝進調整成相同硬度的淡紫色和無調色的雙色奶油糖霜。希望讓三色堇的內側染色時，就在花嘴不尖的4分之1的部分裝填紫色。剩下的部分裝填無色奶油糖霜。

2 擠少量在花釘上面，貼上烘焙紙加以固定。

3 讓花嘴尖的部分朝上，握著擠花袋，把花瓣擠成水滴狀。

4 與前面擠出的花瓣稍微重疊，擠出下一片花瓣，以5片花瓣繞行1圈。把烘焙紙從花釘上取下，連同烘焙紙一起冷凍保存。

蛋糕的裝飾

1 用裝進擠花袋裡面的巧克力，在用模型壓切出的白巧克力板上面寫出賀詞。

2 把粉紅色的奶油糖霜裝進擠花袋，擠出迷你的小花。裝進擠花袋的奶油糖霜只要預先按壓搓揉，消除氣泡，就會變得柔滑且容易描繪。

3 紫色的奶油糖霜也要擠出小花。

4 法式蛋糕用粉紅色的奶油糖霜披覆，用圓形圈模在側面壓出蛋糕花飾用的底線。如果是6吋的蛋糕，只要使用直徑6cm（7號）的圓形圈模，就可以平均套用。接著再往下挪移1cm，進一步押出第2條底線。

5 把無色的奶油糖霜裝進擠花袋，沿著上方的線條擠出。

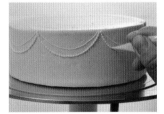

6 下方的底線則擠出連續的小圓，製作出珍珠串的造型。擠的時候，只要往擠出方向稍微輕拉，再往回拉，就可以擠出漂亮的圓。

7 在2條線交錯的位置，用10齒4號的星形花嘴，擠出貝殼形狀的奶油糖霜。

8 把玫瑰裝飾在法式蛋糕的上方。在欲黏接的位置擠出少量的奶油糖霜，用來取代黏接劑。

9 裝飾上切成對半的草莓、覆盆子，再放上三色堇。

10 放上巧克力板，完成。

皺褶重疊的
母親節康乃馨

粉紅康乃馨蛋糕

在蛋糕上擺上滿滿溢出的超大康乃馨的母親節蛋糕。衝擊力十足且華麗萬分的裝飾，配件只有巧克力製作出的皺褶，和當成花蕊的草莓，組裝也十分簡單，就只是在底座的奶油上面插上巧克力而已，只要製作出完美的皺褶巧克力，就可以毫不費力，一次大量呈現。

製作大朵康乃馨的時候，如果讓皺褶巧克力的皺褶太過緊密，就會讓康乃馨欠缺視覺迫力，所以要製作出略大的皺褶。因此，巧克力的柔軟性格外重要。濱田主廚在巧克力裡面添加了少量的沙拉油，讓巧克力的伸縮性變得更好，製作出柔滑的天鵝絨狀皺褶。

皺褶巧克力

事前準備

溶解白巧克力，加入巧克力用量5%的沙拉油，以提高巧克力的伸縮性。混入冷凍乾燥的草莓粉，把顏色染成粉紅色。不需要混合得十分均勻，保留一些色彩的濃淡，就能讓花保有漸層，變得更加漂亮。

1 把溫度調整成30℃的巧克力，倒在表面溫度調整成20℃左右的大理石台上面。大理石台的溫度如果太高，巧克力就不會凝固；如果太低，巧克力就無法剝離，所以溫度調整是重點。

2 用抹刀把巧克力抹平成厚度1mm、寬度10cm的帶狀。

3 在巧克力的溫度冷卻至不沾手的程度之前，用抹刀抹平的方式冷卻、延伸。

4 巧克力凝固，直到用手觸摸也不會沾黏的程度後，用刮刀朝垂直方向刮下。只要確實調整溫度，就能自然呈現出扇形的美麗皺褶。

5 如果在凝固之前刮下，皺褶會變得太過密集；如果完全冷卻凝固，巧克力則會碎裂。溫度的調整十分重要。

6 溫度如果太低，就用手撫摸巧克力的表面，讓溫度提升至適當的溫度。

蛋糕的裝飾

1 以5吋蛋糕來說，需要的皺褶巧克力大約是30片左右。因為要緊密的埋入，所以預先製作寬度各不相同的尺寸，會比較容易使用。

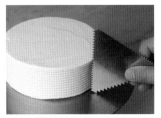

2 用鮮奶油進行5吋蛋糕的抹面。把三角齒刮板平貼在側面，轉動旋轉台，繪製出條紋模樣。

3 用8mm的圓形花嘴，在上面的邊緣擠出1圈鮮奶油。

4 讓皺褶巧克力靠在擠出的鮮奶油上面，輕輕插入皺褶巧克力。利用鮮奶油，就可以裝飾出立體的巧克力。

5 沿著蛋糕邊緣，排列插入1圈皺褶巧克力。皺褶和皺褶之間要稍微重疊。

6 內側要再擺上2圈皺褶巧克力。越往內側，排列的皺褶角度就要更直立，讓整體看起來更有康乃馨的樣子。

7 在正中央放上整顆草莓，周圍則擺放切半的草莓，完成。

餅乾裝飾出「實在美味」

草莓生日蛋糕

隨附在生日蛋糕上的小巧人偶，如果用翻糖膏等材料製作，會因為太硬而難以食用，絕對稱不上美味。因此，使用粉彩的糖霜餅乾代替，讓蛋糕兼具可愛的外觀和美味。

糖霜餅乾的保存期限較長，所以可以預先製作起來備用，對吃的人來說，可以品嚐到與蛋糕截然不同的美味，所以可說是贏得更多加分的裝飾。

糖霜餅乾

1 對200g的糖粉加入30ml的水、3g的蛋白粉，製作出糖霜，用糖霜蛋糕用的粉彩色素進行染色。硬度就差不多是用湯匙撈取後，呈濃稠狀態滴落的程度。分成一半份量，另一半進一步添加糖粉，將硬度調整成即便用湯匙撈取，仍不會滴落的程度。分別裝進擠花袋裡面。

2 準備壓切成動物或星星造型的餅乾。

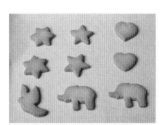

3 沿著餅乾的輪廓，把較硬的糖霜擠成細長條。讓邊緣隆起膨脹，藉此製作出立體感。

4 邊緣內側的部分就用較軟的糖霜填滿。內側用的糖霜較軟，就能製作出平滑的表面，不會出現擠花的線條。

5 眼睛或花紋就用擠花袋裝填溶解的巧克力擠出。

生日板

1 分別用染成3種顏色的糖霜（較硬的那種），在心形模型壓切出的白巧克力板的邊緣擠出圓點。

2 用湯匙的背面，只按壓圓點的一半，往外延伸。

3 用裝進擠花袋的巧克力寫下賀詞。

裝滿巧克力樹枝的
「黑森林」聖誕蛋糕

純白色的蛋糕中央堆滿無數的巧克力樹枝，正如黑森林蛋糕這個名字，以雪地裡的森林作為主題的經典裝飾。使用大量浸泡在櫻桃酒裡面的櫻桃，專為成年人製作的聖誕節蛋糕。

雖然並沒有十分複雜的作業，但是，調溫巧克力的溫度、巧克力在大理石台上擀壓時的厚度，如果沒有確實做好調整，就很難製作出完美的樹枝形狀，所以仔細進行每一個步驟，是最重要的事情。

❋ 巧克力枝條

1 把調溫巧克力調整成30℃，大理石台的表面溫度調整成20℃。巧克力如果太軟，就無法製作出筆直的樹枝，所以要確實做好溫度調整。

2 把巧克力倒在大理石台上，用抹刀抹勻至15cm寬的帶狀。如果太薄，巧克力會在無法變圓的情況下，被削成屑狀，所以厚度大約要有2mm左右。

3 風乾至即便用手觸摸都不會沾黏的程度後，以3mm的間距，用抹刀朝垂直方向切開。

4 如果在還沒有凝固的時候，用抹刀切開，巧克力會沾黏在抹刀上面，就無法完美製作出樹枝，所以要確實風乾。

5 只要從邊緣一口氣挪動抹刀刮削，巧克力就會滾動成圓形的枝條。

6 作業後，如果大理石台上面仍有些許巧克力殘留，就以同樣的方式朝垂直方向切削，就可以製作出更纖細的枝條。預先製作出各種尺寸，就能更容易裝飾蛋糕。

7 製作短枝條的時候，就在步驟**3**朝垂直方向切削之前，先在長度一半的位置切出切痕。

蛋糕的裝飾

1 讓裘康地蛋糕體吸收加了櫻桃酒的五味酒，再以2：1的比例混合巧克力和鮮奶油，製作出甘納許，然後將甘納許大量塗抹在蛋糕體上面，接著排放上用櫻桃酒浸泡的歐洲酸櫻桃。

2 進一步在上面抹上大量的甘納許，覆蓋櫻桃，用抹刀抹勻至3cm厚度。因為含有大量鮮奶油，質地比較軟，所以只要在前一天預先準備好，讓質地變得厚重，就會變得比較容易裝飾。

3 重疊上裘康地蛋糕體，抹上鮮奶油，再進一步重疊上裘康地蛋糕體，調整形狀。

4 用鮮奶油進行整體的抹面。

5 放在旋轉台上面，把三角齒刮板平貼在側面，製作出條紋模樣。

6 用8齒的8號星形花嘴，在蛋糕的邊緣擠出大量的鮮奶油。

7 把較粗的巧克力枝條插進擠花的內側。粗枝條是裝飾的重點，所以要一邊檢視協調性，以長度、角度隨機的方式，刺進15支左右的枝條。

8 從上方撒進較細的巧克力枝條。

9 在巧克力枝條上面撒上糖粉。

10 裝飾上酸櫻桃、金箔，完成。

曲線和重點色彩創造出的優雅
洛可可現代的
裝飾

用粉紅牆壁和水晶吊燈裝潢，
閃閃發亮的店內惹人矚目的C'est Mignon。
那種洛可可式的感性也反映在蛋糕上面，
在有效運用纖細曲線的裝飾當中，
巧妙採用重點色彩。
為各位介紹，飄散著經典法國香氣，
山名主廚的優美裝飾。

傳授者

C'est Mignon

山名範士

Norihito Yamana

製作出濕潤的質感

玫瑰

大膽裝飾上深紅色玫瑰的法式蛋糕，利用添加玫瑰萃取的白巧克力鏡面淋醬進行披覆。稍微靠近就可以聞到隱約飄散的玫瑰香氣。

上方美麗且獨特的摩擦線條是，趁白色的鏡面淋醬還沒有乾的時候，用刷毛粗略刷上的紅色鏡面淋醬。

玫瑰用巧克力噴霧器，大膽噴上和紅色塑型巧克力相同的紅色色素，讓顏色更顯濃厚，同時製作出宛如被雨水淋溼般的濕潤質感，強調鮮豔的印象。

✤ 塑型巧克力的玫瑰

1 把用巧克力用色素染成紅色的塑型巧克力搓揉成更容易製作的硬度，厚度擀壓成3mm。用直徑4cm的圓形圈模壓切。

2 用Gitter膠膜夾住，用手指按壓邊緣，使尺寸進一步擴大。如果把整體壓薄，組裝的時候，就會往外側彎垂。

3 把1片捲起來，讓前端變尖，製作成花蕊。反方向則在作業台上輕壓，使形狀呈現平坦。

4 把第2片花瓣的邊緣輕輕捲在花蕊上面。

5 第3片、第4片插進前一片花瓣和花蕊之間，稍微捲繞。

6 一邊調整協調，一邊把3片花瓣捲起來，黏接。

7 第2圈也採用相同方式，把下片花瓣插進前一片花瓣和花蕊之間，繞行1圈後，調整全體的協調，一邊進行黏接。

8 把花瓣的邊緣往外側掀翻，製作出變化差異。把花瓣慢慢往外側掀開。

9 以1、3、5、7、9片花瓣的次序，每1圈分別增加2片花瓣，然後進行黏接。全部共計使用25片花瓣。

10 用巧克力噴霧器，直接噴上紅色的巧克力用色素（不稀釋）。噴上大量色素，製作出濕潤感。

蛋糕的裝飾

1 溶解白巧克力的鏡面淋醬，淋在冷凍的6吋慕斯上面。在同樣的鏡面淋醬裡面加進紅色的巧克力用色素，用毛刷快速塗抹在上面，用抹刀把整體抹平。

2 把乾燥覆盆子黏貼在側面，塑型巧克力的玫瑰裝飾在稍微偏離中央的位置。

3 用擠花袋滴少量鏡面果膠在花瓣上面，完成。

白巧克力的鏡面淋醬

【配方】
白巧克力	400g
鏡面淋醬	350g
水飴	15g
38%鮮奶油	200g
片狀明膠	8g

用裝飾方式
淬鍊樹葉

在巧克力裝飾藝術當中也經常使用的葉型巧克力，是會因為裝飾方法而大幅改變印象的配件。山名主廚沿著整體的曲線裝飾上樹葉，只把其中1片樹葉塗上金粉，藉此製作出重點色彩，演繹出立體且精緻的聖誕樹蛋糕。

樹葉不使用模型，直接把巧克力塗在真正的樹葉上，藉此製作出各不相同的紋路表情，甚至連細微的葉脈都可以充分展現，魅力十足。

樹葉的精緻度，進一步提高了整體的淬鍊度。

加勒比

巧克力樹葉

1 把調溫巧克力的溫度調整成 32℃，用毛刷盡可能地薄塗在樹葉的背面。樹葉要使用略帶點硬度，表面光滑的種類。樹葉洗乾淨，用酒精殺菌，晾乾後就可使用。

2 用手指撫平樹葉的輪廓，去除多餘的巧克力。透過這個作業，可以讓樹葉更容易剝離，也比較不容易產生毛邊。

3 進行第二次塗抹，再次用手指撫摸邊緣，放置至完全乾燥。

4 從樹葉的根部慢慢地剝下巧克力。

蛋糕的裝飾

1 用抹刀把甘納許塗抹在製成樹幹狀的巧克力慕斯全體。往垂直方向塗抹時，只要一邊挪動抹刀，刻意留下抹痕，看起來就會有樹皮的樣子。

2 在希望加上樹葉的部位加上記號，把抹刀平貼在記號以外的位置，然後直接拿起抹刀，讓表面產生疙瘩，更有樹皮的樣子。

3 在巧克力樹葉的背面擠上少量的溶解的巧克力，當成黏著劑。只擠在樹葉根部。

4 把4片樹葉排列黏接在法式蛋糕的下方。樹葉之間要稍微重疊排列。

5 一邊讓樹葉之間稍微重疊，一邊緊密地黏接。只黏接根部，讓樹葉浮在法式蛋糕上面。

6 這是從側面觀看的樣子。樹葉呈現立體直立的狀態。

7 用毛刷把珍珠色的粉末塗抹在1片樹葉的表面。

8 插進整片樹葉的正中央。單邊的側面也要貼上樹葉，完成。

方形巧克力的
立體主義建構

在正方形的底座上鋪滿正方形的巧克力，宛如立體主義繪畫般的法式蛋糕。一下刻意超出底座，製作出具穿透感的部分，一下重疊黏貼，製作出凹凸，又或是善加利用乾燥覆盆子的紅色，如此一來，即便是單純壓切成型的巧克力，仍然可以製作出複雜且強弱鮮明的蛋糕。

立方體

方形板

1 調溫巧克力進行溫度的調整，白巧克力、牛奶巧克力、金黃巧克力調溫成29℃，黑巧克力調溫成32℃，在Gitter膠膜上面抹勻至2mm厚度。

2 用方型塔模進行壓切。在放置模型的狀態下，撒上乾燥覆盆子或切碎的開心果、可可碎等材料，使其凝固。

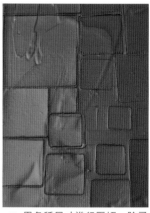

3 用各種尺寸進行壓切。除了加上頂飾的配件之外，還要準備用兩個模型重疊壓切出的中空造型配件、用毛刷塗抹上珍珠粉的配件，準備各種不同變化的方形配件。

蛋糕的裝飾

1 把方形板隨機緊密貼附在製成正方形的甘納許蛋糕的側面。

2 把2片方形板重疊在一起的時候，就用瓦斯槍稍微溶解背面，再進行黏接。

具穿透感的
網狀巧克力

覆盆子風味的甘納許和覆盆子交錯排列，用巧克力板隔開，製作成2層，立體且華麗的塔。視覺上當然不用說，巧克力板也能成為味覺的重點魅力。
上面放上用珍珠粉製作出的閃亮網板，網洞之間隱約可見的紅色覆盆子，進一步營造出整體的穿透感。

巧克力覆盆子塔

巧克力板

1 把調溫巧克力的溫度調整成 32℃，倒在Gitter膠膜上面，再夾上另一片Gitter膠膜，用擀麵棍擀勻至2mm厚度。Gitter膠膜具有伸縮性，所以就算用擀麵棍擀壓，也能夠平滑伸展，不會產生皺褶。

2 用尺寸和塔相同的圓形圈模，從膠膜的上方壓切。這樣一來，兩面都可以呈現出光澤。

3 完全凝固後，把巧克力板從膠模上剝下。

4 製作網狀的巧克力板。把調溫巧克力的溫度調整成 32℃，裝進擠花袋，在OPP膜上面以畫圓的方式擠出漩渦狀。

5 乾燥至不沾手的程度之後，用尺寸和塔相同的圓形圈模壓切。

6 完全凝固後，從OPP膜上剝下，用毛刷把珍珠粉塗抹在上面。

蛋糕的裝飾

1 把覆盆子果醬塗抹在塔面，用10mm的圓形花嘴，把覆盆子風味的甘納許擠在邊緣。在等距的位置預留足以放置覆盆子的空間。

2 把覆盆子放進縫隙之間。內側也要交錯配置甘納許和覆盆子，把整面鋪滿。

3 巧克力板的上面也一樣，同樣交錯排列上覆盆子和甘納許。

4 把巧克力板筆直放置在步驟 **2**的上方。

5 放上網狀板，完成。

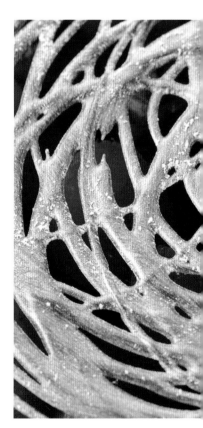

追求經典的翻糖藝術

把利用簡單配方的蛋白和糖粉打發而成的翻糖，擠成代表洛可可風格的Rocaille（貝殼）和Scroll（漩渦狀的圖樣），連同銀色糖珠一起，裝飾在奶油糖霜蛋糕上面的經典裝飾。側面也一樣，為了可以緊密貼附，預先製作出曲線便是重點。

翻糖藝術

1 把蛋白和糖粉混合在一起，持續打發直到呈現鬆軟的蛋白霜狀，製作出翻糖。裝進裝有10mm圓形花嘴的擠花袋裡面。

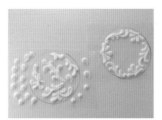

2 在紙上畫出與蛋糕相同尺寸的圓形，把OPP膜放在紙上面，配合圓的大小，把翻糖擠成洛可可風格的圖樣。

3 側面用的配件同樣擠在OPP膜上面，再用膠帶固定在與蛋糕相同尺寸的圓形圈模的側面。

4 在常溫下完全乾燥後，用濾網在全體撒上糖粉。

蛋糕的裝飾

1 用奶油糖霜披覆的蛋糕，先從邊緣開始裝飾上翻糖。

2 側面也要裝飾，用翻糖的背面緊密貼附。

3 把翻糖裝飾在上面整體，撒上直徑5mm的銀色糖珠，完成。

翻糖

【配方】
蛋白 ………………………… 20g
糖粉 ………………………… 100g

悲慘世界

可自由改變尺寸的
氣球圓頂

從圓頂狀巧克力上的孔洞窺視色彩鮮艷的水果。善用水果鮮豔色彩的裝飾。圓頂的製作用氣球
來取代模型，同時還可以依照氣球的膨脹程度改變大小，配合各種尺寸的塔。
在圓頂上面用相同顏色的巧克力擠上反覆重疊的纖細線條，讓圓形平滑的柔和印象更加醒目。

水果塔

✿ 翻糖藝術

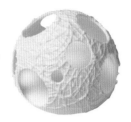

1 吹氣球，讓氣球的尺寸比圓形圈模大一個尺寸，綁起吹口。這裡使用的是直徑12cm的圓形圈模。實際放上圓形圈模比較，就比較容易掌握尺寸。

2 把調溫的白巧克力的溫度調整成29℃，把氣球的一半部分放入浸泡。甩掉多餘的白巧克力。

3 讓氣球豎立在玻璃杯等器皿裡面，風乾至不會沾手的程度。

4 把調溫的白巧克力的溫度調整成29℃，裝進擠花袋裡面，在步驟**3**的上方擠出纖細的線條。隨機描繪出漩渦或小圓等曲線。

5 直接豎立在玻璃杯裡面，放進冷藏確實冷卻凝固。

6 把膠帶黏貼在氣球口，用竹籤從膠帶上面刺入，排出氣球裡面的空氣。如果沒有貼上膠帶，氣球會一口氣彈飛，巧克力就可能破裂。

7 貼上膠帶後再刺破，空氣就會慢慢排出。

8 氣球完全排出空氣後，取出。

9 用瓦斯槍加熱直徑4.5cm的圓形圈模。

10 把圓形圈模平貼在巧克力上面，壓切出孔洞。一邊改變圓形圈模的尺寸，同樣隨機壓切出孔洞。

蛋糕的裝飾

1 把以巧克力用色素染成紅色和粉紅色的塑型巧克力擀壓成2mm厚度，用翻糖藝術用的雛菊模型壓切。

2 把黃色色素染色的白巧克力溶解，裝進擠花袋，擠在花的中央，製作成花蕊。

3 把各種水果裝飾在塔上面。水果只要使切口呈現圓弧狀，就能增加與圓頂巧克力之間的一致感。覆盆子和黑莓沾上糖粉。

4 覆蓋上圓頂巧克力，黏接上塑型巧克力的花，完成。

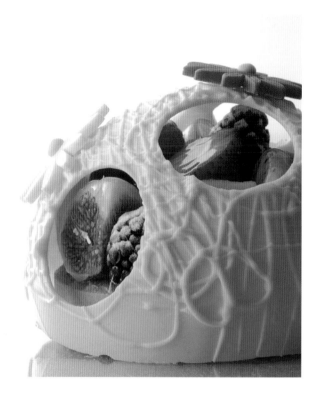

優雅在框架內能夠有多自由

客製化的
裝飾

學習到的技術該以何種形態表現？
在客製化的蛋糕中，不光是技術，同時也需要想像力和創造力。
試著把從各種角度捕捉到的「美」套用在蛋糕上，
神田主廚的客製化蛋糕，出乎意料的成品，
充滿著令人眼睛為之一亮的嶄新靈感。
以「概念解放」為主題的全新裝飾提案。

傳授者

L'AUTOMNE

神田廣達

Koitatsu Kanda

酒與婚禮的企劃

香檳魄力十足地在蛋糕中央坐鎮的大膽樣式。就像是餐廳裡面，料理和飲料成套搭配的「套餐」一樣，依照蛋糕的味道選擇適合的酒品。

這種意外的融合也十分受到顧客的喜愛，肯定也會炒熱氣氛。可以讓人一眼看出香檳、紅酒和婚禮之間的提案，也是主廚個人喜歡這種裝飾的理由之一。

CONGRATULATIONS !!

✤ 轉印巧克力板

1 把巧克力用的色素加進可可脂裡面，用毛刷粗略塗抹在OPP膜上面。

2 為避免毛邊，把OPP膜從作業台上撕下，放置在其他場所，使其完全乾燥。

3 把調溫的白巧克力的溫度調整為30℃，用抹刀抹平。

4 凝固至不會沾手的程度後，用直徑4.5cm的圓形圈模壓切。

蛋糕的裝飾

1 把彼士裘伊海綿蛋糕切成6cm寬的帶狀，用奶油醬抹面。捲繞在比香檳瓶大一圈的軸心上面，塑型成輪狀，側面用瓦斯槍焦化。

2 把裝了橘皮的鮮奶油裝進14號的聖歐諾黑形花嘴，在蛋糕的頂部擠出放射狀。

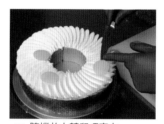

3 隨機放上轉印巧克力。

4 撒上切成片狀的草莓，剖面朝上。

5 剖開覆盆子，剖面朝上放置，用花嘴在中央擠出覆盆子果醬，裝飾成花卉風格。

6 裝飾撒上糖粉的覆盆子、紅醋栗，在草莓的剖面擠上少量的鏡面果膠，增添光澤。

中央填滿壓碎的酥脆甜麵包。不光只是為了調整酒瓶的高度，利用酥脆口感和香氣為蛋糕增添味覺重點，也是其目標之一。

7 用擀麵棍把酥脆甜麵包搗碎。

8 把酥脆甜麵包裝進中央的孔，調整好高度後，放上香檳。這裡使用的品牌是「美好年代（Belle poque）」。濃醇的口感，和柑橘風味的爽口鮮奶油相當對味。

充滿玩心的
時鐘蛋糕

不規則排列的數字、不知道指向哪裡的螺旋指針……，這種不可思議的數字時鐘，希望讓人從精準的時間中解放，享受暫時忘卻時光的樂趣。這便是這個裝飾的發想靈感。

巧克力製作的數字，分成3次，用巧克力噴霧器噴上不同的顏色，製作出絕妙的漸層，生動的顏色展現出高雅氣質。看似不規則的數字排列，其實隱藏著某些規則，就用解謎的動腦時間來炒熱氣氛吧！

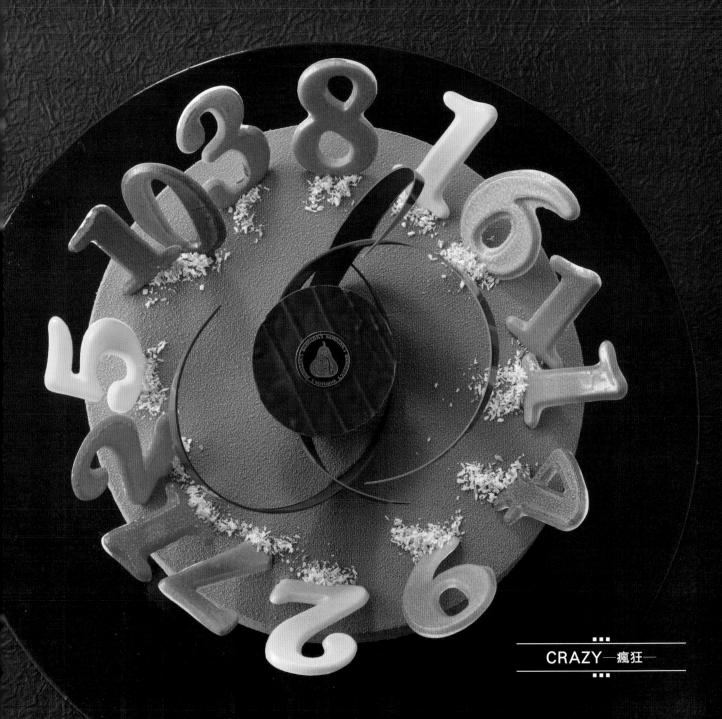

CRAZY—瘋狂—

數字巧克力

1 把珍珠色系的巧克力用色素噴在數字模型上面。這裡使用銀珍珠色。為了刻意製作濃淡感,噴上薄薄的一層即可。

2 步驟 **1** 的色素乾燥後,噴上黃色的色素。第2次的顏色是主色彩,所以要整體噴勻,噴上薄薄的一層。

3 步驟 **2** 的色素乾燥後,噴上其他色素。這裡採用橘色。只噴在局部位置,藉此製作出漸層。

4 把調溫的白巧克力的溫度調整成30℃左右,裝進擠花袋,擠進模型裡面。

5 完全冷卻凝固後,脫模。

6 預先製作出數種顏色。色彩的組合搭配分別如下。

- 銀粉紅 → 橘 → 紅
- 銀珍珠 → 黃 → 橘
- 金珍珠 → 綠 → 黃
- 紫珍珠 → 藍 → 紅
- 藍珍珠 → 藍 → 黃
- 橘珍珠 → 橘 → 紅

自然（捲曲狀的巧克力）

1 把調溫巧克力的溫度調整成30℃,在鋪在大理石調理台的OPP膜上面,抹勻至1mm厚度。

2 抹勻之後,馬上用刀子往傾斜方向隨機切出線條,從兩側切入,讓線條相互交錯。

3 乾燥至不會沾手的程度後,連同OPP膜一起捲成直徑8～10cm左右的筒狀。

4 用膠帶把OPP膜的邊緣固定起來,放涼至完全凝固。

5 輕輕撕掉OPP膜。

1 把數字巧克力排列在與蛋糕相同尺寸的底紙上面,調整色調,確定裝飾的位置。

2 把數字巧克力插進巧克力慕斯。不要筆直插入,而是以略為倒向外側的狀態插入,讓人從上方俯視時,可以清楚看到數字。只要以對角線的方式插入,就可以排列出等距。

3 所有的數字巧克力插入完成後,稍微調整方向,使整體協調。

4 在巧克力的根部撒上椰子粉。

5 重疊放上3條自然巧克力,繞成1圈漩渦。

6 把鮮奶油擠在蛋糕的中央。

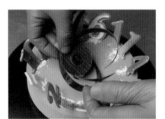

7 把條紋薄片(參考104頁)略為傾斜地放在鮮奶油上面,完成。

大自然創造出的
曲線美

少見的環形蛋糕。即便是年輪蛋糕或咕咕洛夫等眾人熟悉的蛋糕，光是製作成環形蛋糕，就能瞬間一改印象，給人帶來新鮮感。因為容易分切，又可以收納在一般的蛋糕盒裡面，所以實用性也可說相當不錯，同時又能輕易展現創作感。上面的3種巧克力裝飾當中，柔軟波浪般的緞帶裝飾是，利用製作其他巧克力裝飾所剔除的剩餘巧克力所製成。由於神田主廚平時就十分注重蘊藏在配件內的自然之美，所以才會如此珍惜這些剩餘的材料，並且在加以保存之後，運用在裝飾藝術上頭。

緣

扇形波浪

事前準備

分別將巧克力、作業用的鐵板、抹刀的溫度調整至36℃。預先將所有作業道具全部調整至相同溫度，便是重點所在。溫度若有不同，巧克力就無法變得柔順，刮削時就容易破損。

1 把巧克力倒在鐵板上面，用抹刀盡可能抹薄。

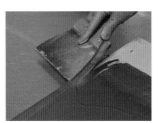

2 乾燥至不會沾手的程度後，用刮刀等工具切掉邊緣，調整形狀。

3 用抹刀切成2cm寬，讓自然產生的皺褶靠攏。

4 快速把兩端連接起來，製作成扇形。

5 巧克力太乾燥，或是抹刀或鐵板溫度過低，巧克力就會在刮削的中途斷裂。

6 就算皺褶之間有破孔產生也沒關係，只要儘可能薄化，就能製作出更細膩的裝飾。

7 邊緣多出的材料或是破碎的材料直接保留下來，當成動態式的裝飾配件使用。

條紋薄片

1 把調溫巧克力的溫度調整至30℃，倒在OPP膜上面。

2 放上另1片OPP膜，把巧克力夾在其中，用擀麵棍盡可能擀薄。

3 在巧克力約乾燥一半程度時，抓起邊緣，重覆多次翻掀的動作，讓表面產生自然的條紋模樣。

4 產生紋路後，把2片OPP膜撕開，用直徑5.5cm的圓形圈模壓切。因為把2片OPP膜撕開的關係，就可以製作出更纖薄的配件。

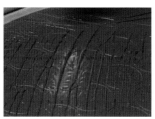

5 蓋上OPP膜，翻面，朝上放置在烤盤上面，放進冷藏冷卻凝固。

6 完全凝固之後，撕開OPP膜。

7 用刀子沿著圓形壓痕進行裁切。

蛋糕的裝飾

1 裝進環形模型的巧克力慕斯，冷凍脫膜後，淋上巧克力鏡面淋醬，披覆整體。

2 在扇形波浪上面撒上糖粉。

3 裝飾上扇形波浪，插上2片條紋薄片。

4 裝飾上烘烤後切碎的杏仁、開心果、山核桃。切碎所產生的自然切口也能成為裝飾的一環。

5 從製作扇形波浪時的剩餘材料中，挑選形狀較適當的配件，撒上糖粉後，裝飾。

利用光彩以外的
魅力裝飾糖

大家都知道拉糖工藝「懼怕濕氣」，因此往往被
認為是很難拿來應用於生菓子的素材。拉糖工藝
的光澤或透明會「因為濕氣而流失」，如果把重
點放在那個特徵之外的部分，應該就能找到些許
可以加以運用的空間。

神田主廚把色素滴在板狀的流糖（Sucre coulé）
上面，宛如繪製水彩畫一般，讓色彩相互融合，
再用瓦斯槍噴吹，讓流糖自然低垂，製作出自然
成型的巨大物件。旁邊是由水飴碎片黏接而成的
棒狀水飴，製作出現代藝術般的裝飾。

FLAME —火焰—

水飴物件

1 使用100%的異麥芽糖醇，熬煮至170℃。水飴冷卻至130℃之後，在耐熱墊上面倒出直徑15cm左右的圓形。只要在耐熱墊的下方鋪上烘焙紙，就可以防止耐熱墊貼附在大理石調理台上面。

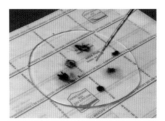

2 用滴管滴數滴用酒精稀釋的食用色素。

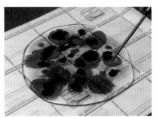

3 用滴管把藍、黃、綠等各種色系的色素滴在整體，讓顏色重疊、混合。

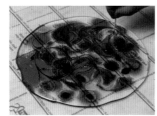

4 在水飴凝固之前，用竹籤攪拌整體，製作出大理石紋理。

5 如果出現氣泡，就用瓦斯槍消除氣泡，放涼備用。再以相同方式製作另一個物件。

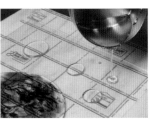

6 再製作數個直徑3～7cm左右的流糖。這個部分不進行染色。

7 冷卻至形狀不會改變的程度後，從耐熱墊上剝下，放在托架上面。只要有一定高度，同時中央呈現空洞，不論是什麼樣的托架都可以。

8 用瓦斯槍噴吹局部，使該部位融化。

9 融化的部分會因為重力而自然下垂。

10 下方也要用瓦斯槍噴吹，一邊調整形狀，一邊使其延伸。水飴拉長後，用手高舉，避免水飴沾到作業台，讓水飴冷卻至不會變形的程度。

11 冷卻後翻面，用吹風機的冷風噴吹，一邊進行形狀的微調。

12 把另一片大理石板摔破，讓大理石板碎裂成適當的大小。步驟**6**製作的透明水飴也要摔碎。

13 挑選大小適中的碎片，沾上少量的液狀水飴。

14 垂直黏接在往上延伸的部分，將碎片往上堆疊。

15 往上堆疊，讓剖面朝向各種不同的方向。

16 最後再把透明的水飴碎片撒在平坦的位置，完成。

蛋糕的裝飾

1 用巧克力噴霧器，把用可可脂溶解的白色的巧克力用色素噴吹在8吋的法式蛋糕上面，從上方輕輕噴上茶色的色素，藉此製作出漸層。

2 讓蛋糕稍微偏離底座中央，在底座的邊緣排列草莓、覆盆子、紅醋栗、藍莓、黑莓、開心果。

3 用擠花袋在水果的剖面擠出鏡面果膠，製作出光澤。

4 把水飴的物件放在稍微偏離法式蛋糕中央的位置。

5 在物件或蛋糕上面裝飾莓果類的水果。奇異果切片後，將形狀調整成三角形。

6 法式蛋糕的邊緣也要用擠花袋擠出圓點狀的鏡面果膠，完成。

杏仁膏獨有的
懷舊之美

小天使 ♥

典型的代表性裝飾配件之一。在華麗的拉糖工藝和巧克力工藝搶盡風頭的時代裡，最近挑戰杏仁膏工藝的年輕甜點師似乎正在減少。可是，要求細膩作業的杏仁膏工藝，不僅可以訓練指尖的敏銳感和感性，也可以在挑戰其他工藝的時候，讓自己的成品顯得更加精緻、細膩，是門相當值得學習的工藝，神田主廚這麼說。

依製作方法的不同，杏仁膏可製作出銳利的形狀，也可捏製出真實的形狀，但其實杏仁膏的最大魅力在於作品本身帶有溫度的美感。這裡將承襲過去略帶圓潤的造型風格，製作出充滿懷舊氣息的蛋糕。

❋ 杏仁膏的準備

1 在杏仁膏裡面添加糖粉，搓揉調整出容易作業的硬度。也可以使用玉米粉，但玉米粉經過一段時間後會變硬，不容易作業。依照配件的製作需求，在之後添加適量的杏仁膏或糖粉，進一步調整硬度。

2 在大理石台上，用少量的酒精稀釋釋食用色素。添加水分之後，杏仁膏的硬度會改變，所以不要使用水，酒精的用量也要盡可能抑制。

3 把杏仁膏放在色素上面搓揉。搓揉時，施加身體的重量，就可以更有效的伸展搓揉。如果搓揉過度，杏仁膏的油脂會滲出。

4 把調色完成的杏仁膏和沒有調色的杏仁膏混在一起，調整出更細膩的顏色。

5 褐色就用可可粉代替糖粉製作。可可粉比糖粉更容易變硬，不容易處置，所以要盡可能抑制用量。

6 使用前，先把杏仁膏搓成表面光滑且帶有光澤的圓球狀，這是重點。使用帶有光澤的杏仁膏，在製作的時候也比較不容易破裂。

7 預先把需要使用的各色杏仁膏製作起來。只要從淡色開始依序製作，就可預防不慎把顏色混合。把紅、藍、綠、黃、可可亞5種顏色混合，製作出所有的顏色。黑色是將所有顏色混合後所製成。

天使（小廣達♥♥）

1 用小指端的手掌夾住圓球狀的白色杏仁膏滾動，把前端搓細。

2 製作出高5cm、底2.5cm左右的圓錐形。這是身體的軸心。

3 用擀麵棍把搓成圓球狀的白色杏仁膏擀壓成3mm左右的厚度。

4 用OPP膜夾住，進一步拉伸擀薄。因為夾著OPP膜，所以表面會產生光澤。盡可能在不產生薄透感的情況下拉伸擀薄。

5 撕開OPP膜，用直徑9cm的圓形圈模壓切。

6 用刀子裁切成三角形。

7 覆蓋在步驟**2**的圓錐形上面，稍微露出頭部，將邊緣重疊，輕輕地捲繞。

8 把邊緣往外掀，做出動態的感覺。

9 用杏仁膏雕塑工具的前端，在背後扎出2個小孔。

10 這是背後的樣子。用來插翅膀的孔。

11 用雕塑工具按壓上方，把上方整平。

12 製作1個比步驟**2**略小的細長圓錐形。

13 把雕塑工具的前端插進圓錐形的粗端，插出孔洞。再製作一個相同的配件。

14 尖的那一端沾少許的水，黏接在步驟**10**的上面。

15 每次黏接時，都要用雕塑工具按壓黏接面。在左右改變手臂的高度，藉此製作出動態的感覺。

圍巾

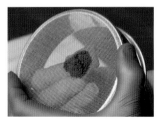

1 把深綠色的杏仁膏搓成圓球，放進濾網按壓。

2 用刀子從濾網上刮下。

3 放在衣服的上面，用雕塑工具按壓黏接。之後還要放置頭部，所以只要預先在上方按壓出凹陷，就會比較容易黏接。

✤✤✤ 臉 ✤✤✤✤✤✤✤✤✤

1 把膚色的杏仁膏搓成圓球，
依照身體，調整圓球的大小
尺寸。

2 尺寸確定後，用雕塑工具的
前端壓出橢圓形的眼窩。眼
窩壓深一點會比較好。

3 預先用牙籤描繪出嘴巴。

4 製作2個3mm左右的小球。

5 用雕塑工具把小球按壓固定
在臉部的側面，一邊黏接，
一邊製作出耳洞。

6 背面沾一點水，將臉部黏接
在身體上面。只要做出稍微
歪頭的感覺，就不會太過死板，
也會比較可愛。

7 把粉紅色的杏仁膏搓成極小
的圓球，黏接在臉部，製作
成鼻子。

✤✤✤ 翅膀 ✤✤✤✤✤✤✤✤✤

1 用白色的杏仁膏製作8個長度
3cm左右的圓錐形。

2 用OPP膜夾住，用手指按壓
延伸。粗端不要延伸太多，
在厚度上製作出變化。

3 讓尖的那一端確實延伸，壓
薄。

4 把4片翅膀的厚端重疊黏接起
來。

5 把翅膀的根部捏成尖形，外
側就稍微彎曲，製作出動態
感。

6 翅膀根部沾少量的水，插進
身體的孔，用雕塑工具按壓
黏接。

✦✦✦ 最後潤飾 ✦✦✦✦✦✦✦

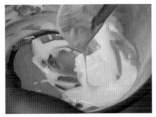

1 把蛋白混進糖粉裡面搓揉，製作出皇家糖霜。用擠花袋擠出時，勾角沒有挺立，鬆軟膨脹的硬度是最適當的硬度。

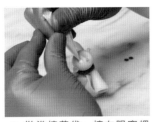

2 裝進擠花袋，擠在眼窩裡面。

3 用黑色的杏仁膏製作小球，壓平，黏在皇家糖霜的上面。只在下方製作出眼白部分，藉此做出眼睛往上看的模樣。

4 用皇家糖霜在黑眼球裡面加上小小的亮光。

5 把黑色的杏仁膏搓成極細的水滴狀，搓成細條。製作3個相同的配件。

6 把水滴狀配件的粗端黏接在頭部，製作成頭髮，頭髮前端用牙籤製作出捲度。

7 把黃色的杏仁膏搓成細條，沿著花嘴製作成圓形。

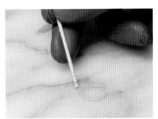

8 拿掉花嘴，製作成環狀。在接合處黏上小圓球。

9 把圓環放在頭上，黏接。圍巾也要用黃色的杏仁膏製作出小圓球，黏接。

10 把面紙搓圓，沾上用酒精稀釋的粉紅色色素，按壓出腮紅。製作到這個步驟時，暫時放置，讓其乾燥。

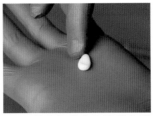

11 用白色的杏仁膏製作出1.5cm左右的水滴形，用手指按壓尖的那一端，讓中央略為凹陷。

12 製作另一個水滴形配件，長度約為步驟**11**的一半，重疊在步驟**11**的配件上面，黏接起來。

13 用雕塑工具按壓，修整出手的形狀。

14 在尖的部分沾上少量的水，插進袖子的孔，黏接起來。用抹刀等工具固定，避免掉落。另一端的手也用同樣的方法黏接固定。袖子的部分如果沒有乾燥，就會因為手的重量而被拉長，所以務必要等乾燥之後，再進行黏接。

15 手的配件比較沉重，容易掉落，所以要在利用抹刀或雕塑工具加以固定的情況下，使其乾燥黏接。

蛋糕的裝飾

1 把焦糖的巧克力鏡面淋醬淋在8吋的法式蛋糕上面。

2 邊緣留下4cm左右的空間,把草莓放在蛋糕的上面。正中央的草莓要預先切掉前端。

3 參考108頁「水飴物件」的步驟**1**和步驟**6**,製作直徑4cm左右的圓形流糖,放在正中央的草莓上面。

4 把杏仁膏的天使放在流糖上面。只要天使可以穩定固定就可以了,所以也可以用巧克力板來取代流糖。

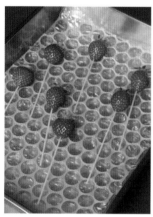

5 把帶有蒂頭的草莓和覆盆子插在義大利麵的前端。

6 把義大利麵插進草莓之間。只要改變高度,就可以更顯立體感。

7 把蛋糕插卡放在天使的手上,把烘烤過的開心果撒在蛋糕的邊緣,完成。

有趣透明感的
明膠膜

把明膠加進果汁裡面凝固而成的透明膜，薄且柔軟。只要覆蓋在蛋糕上面，就能產生自然的皺褶，每次晃動時，透明膜就會隨著晃動，不僅能隱約看到蛋糕的層次，有時更會因為亮光而產生反射，表現出各種不同的表情。

雖然同樣都是透明裝飾，不過，明膠膜不同於拉糖工藝，不僅不怕濕氣，形狀維持度也比果凍更高，裝飾也十分容易，所以希望在蛋糕上面表現出透明魅力時，可說是最理想的配件。

雖然明膠膜的形狀維持度極佳，口感卻十分入口即化，所以能夠以佐醬般的感覺，為蛋糕的味道增添重點口味。

SECRET ―秘密―

明膠膜

1 把10%份量的明膠溶入覆盆子濃縮果汁裡面，把圓形圈模放在OPP膜上面，用填餡器從邊緣倒入約2～3mm厚度。

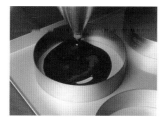

2 明膠量較多，所以明膠會從外側開始快速凝固，如果像照片這樣，從正中央倒入，就會殘留流動的痕跡，無法製作出平滑的表面，所以要多加注意。氣泡就用瓦斯槍等快速加熱消除。

3 只要改變果汁，就能製作出各種顏色的明膠膜。照片中是使用黑醋栗的濃縮果汁製成。

4 放進冷藏冷卻至完全凝固後，拿掉圓形圈模。

蛋糕的裝飾

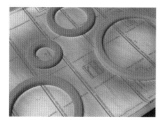

1 把尺寸各不相同的圓形圈模重疊在一起，把巧克力慕斯倒進2個圓形圈模之間，製作出環形慕斯。用可可脂稀釋巧克力用的茶色色素，用巧克力噴霧器噴塗於全體。

2 把步驟**1**的環形慕斯切掉一部分，使形狀呈現C字形，放在披覆巧克力鏡面淋醬的蛋糕上面。側面黏貼上巧克力馬卡龍。

3 把抹茶小蛋糕放在巧克力慕斯的圓環裡面。

4 把明膠膜放在抹茶小蛋糕的上面，放上蛋糕插卡。

5 參考104頁，製作巧克力薄片，放在環形巧克力慕斯上面裝飾。

6 把製作104頁「條紋薄片」時所殘餘的巧克力碎片撒在環形巧克力慕斯上面，完成。

破壞
所產生的美

把裝飾得十分漂亮的蛋糕完美傾覆，壓碎鮮奶油，拉糖工藝的碎片也碎落滿地。

可是，不知道為什麼，這種樣貌悲慘的蛋糕卻有著格外誘人的魅力。

神田主廚在比賽會場等場合，看到巧克力藝術不幸被摔壞，因而發現到不同於精心堆疊，在自然情況下所創造出的特殊魅力。

那個時候的感動，讓他顛覆了裝飾＝堆疊的概念，創造出「破壞成品後所完成的」蛋糕。

OOPS! I dropped the mocha cake!

蛋白霜裝飾

1 把蛋白和一半份量的精白砂糖混合在一起，打發至八分發之後，加入剩餘的材料，進一步打發，製作出帶有光澤的瑞士蛋白霜。在烘焙紙上抹勻。

2 抹勻至2mm厚度。

瑞士蛋白霜

【配方】
蛋白 ……………………… 125g
精白砂糖 ………………… 250g
紅糖 ……………………… 30g
香草莢 …………………… 1/2支

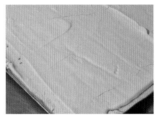

3 用120℃的烤箱烘烤25分鐘，確實烘烤至整體呈現焦化。

4 掰碎成手掌程度的大小。掰碎成各種形狀，製作出變化性，就能更容易裝飾。

蛋糕的裝飾

1 用焦糖口味的鮮奶油把8吋的法式蛋糕抹面。用10mm、10齒的星形花嘴，把鮮奶油擠在邊緣。

2 內側也要擠上鮮奶油，擠成三角形。

3 把蛋白霜裝飾在上面。一下蛋白霜豎立在鮮奶油上面，一下相互重疊，盡可能地隨機裝飾。

4 用蛋白霜覆蓋上方整體。

5 參考108頁「水飴物件」的步驟 **1**～**5**，製作出大理石紋理的水飴薄片，敲碎成碎片。

6 把水飴均勻地撒在蛋白霜的上面。

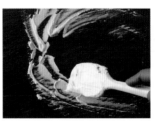

7 在裝飾蛋糕的作業台上，用橡膠刮刀塗抹上鮮奶油。不要全部塗抹，以磨擦般的方式塗抹出生動感。

8 把蛋糕傾覆在步驟 **7** 的上面。裝飾噴飛的模樣比較有趣，所以就暢快的傾覆吧！

9 把鮮奶油擠在蛋糕的底部。

10 用蛋白霜覆蓋所有的鮮奶油。

11 把水飴均勻撒在蛋白霜的上面。

12 撒上糖粉，完成。

德永純司 Junji Tokunaga

ホテル インターコンチネンタル 東京ベイ
ザ・ショップ N.Y. ラウンジブティック
INTER CONTINENTAL TOKYO BAY

〒105-8576 東京都港區海岸1-16-2
☎03-5404-2222
https://www.interconti-tokyo.com

1979年出生於愛媛縣。高中畢業後,在關西的飯店從事餐廳服務與料理的工作,20歲如願踏上甜點師傅的道路。在「PATISSERIE Natsuro」、「守口王子飯店」等關西的甜點店和飯店累積10年的修業資歷,於2004年在大阪麗思卡爾頓飯店的餐廳「La Bale」升格為主廚甜點師。2007年開始擔任東京麗思卡爾頓飯店的甜點&巧克力師傅。在國內眾多相關競賽中獲得優勝,更在「世界盃點心大賽2015」以巧克力工藝的日本代表身分參賽,帶領團隊贏得亞軍。2016年轉調至東京灣洲際酒店,擔任行政甜點主廚。

這次裝飾作業中所使用的道具
左起,巧克力噴霧器、矽膠模型、鑄模2種、抹刀2種、矽膠印章、切麵刀、橡膠刮板、刮刀2種、刀子2種、翻糖藝術用切模、牛軋糖刀、切模、塔模、自製模型(塑膠製、矽膠製)、糖蕾絲模型

上霜考二 Koji Ueshimo

アヴランシュ・ゲネー
Avranches Guesnay

〒113-0033 東京都文京區本鄉4-17-6 1F
☎03-6883-6619
https://www.avranches-guesnay.com

1975年出生於兵庫縣。從辻調集團 法國分校畢業後，在諾曼第地區的「Guesnay」甜點店累積修業經驗。於1995年回國，在東京灣洲際飯店、三國飯店等任職後，於2005年擔任「Jean Millet」的主廚甜點師。2008年在東京Agnes飯店內的甜點店「Le Coin Vert」開幕時跳槽，以主廚身分大展身手。在2015年播映的電影《幸福洋菓子》中，負責甜點製作的監修。於2017年獨立開店。

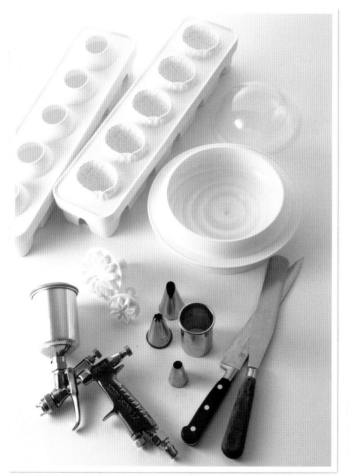

這次裝飾作業中所使用的道具
左起，矽膠模型3種、塑膠製半球模型、巧克力噴霧器、翻糖藝術用切模、花嘴3種、圓形圈模、刀子、抹刀

中山和大 Kazuhiro Nakayama

オクシタニアル 東京本店
OCCITANIAL

〒103-0014 東京都中央區日本橋蛎殻町1-39-7
☎03-5645-3334
http://occitanial.jp

1975年出生於長野縣。在「Limoges」、
「Roppongi Hills club」、「東京文華東方酒
店」累積修業經驗。2012年進入滋賀縣
「CLUB HARIE」，在2014年「Occitanial」
開幕時擔任主廚。2007年在「東京日本蛋糕
秀」的大型工藝甜點項目獲得金賞，之後更
在2008年「東京日本蛋糕秀」的「頂級甜點
師 拉糖工藝之巧克力裝飾藝術&法式蛋糕項
目」獲得優勝、「亞洲甜點團隊競賽」獲得
優勝，在各大小競賽中引領風騷。在「世界
盃點心大賽」中，2度擔任日本代表，其中
在2015年以巧克力法式蛋糕和拉糖工藝的代
表身分獲得亞軍。

這次裝飾作業中所使用的道具
左起，巧克力噴霧器、圓筒形壓克
力、矽膠製自製模型2種、三角齒刮
板、矽膠模型3種、圓形圈模、蛋形
鑄模、自製轉印模、皮革工藝用切模
2種、切模4種、刀子、抹刀、拉糖工
藝用壓模2種、翻糖藝術用切模

濱田舟志 Shunzhi Hamada

菓子工房グリューネベルク
GRUNEBERG

〒226-0019 神奈川縣橫濱市綠區中山1-2-7 La Luce 1F
☎045-516-3075
インスタグラム　gruneberg_nakayama

1975年出生於和歌山縣。雙親經營老字號甜點店長達30年之久，耳濡目染之下，從小便以甜點專家為志。高中畢業後，進入「維也納甜點工房 Lilien Berg」，拜師橫溝春雄門下。歷經9年資歷後，前往法國，以「巧克力大師 Franck Kestener」馬首是瞻，以巧克力師傅和甜點師身分，技術鑽研了6年。回國後，在「La Terre西洋甜點店」任職8年的主廚後，獨立門戶。2011年獲得「東京日本蛋糕秀」砂糖甜點項目的金賞。2012年在東京日本蛋糕秀的大型甜點項目中獲得大賽會長獎；2014年贏得「國王餅比賽」冠軍。

這次裝飾作業中所使用的道具
左起，刀子、抹刀、刮刀、奶油糖霜擠花袋、花嘴2種、餅乾用切模3種、三角齒刮板、花釘2種

山名範士 Norihito Yamana

セ・ミニョン
C'EST MIGNON

〒108-0074 東京都港區高輪1-27-47 2F
☎03-3444-5219
http://cest-mignon.jp

1973年出生於東京都。高中畢業後，進入父親在大阪經營的甜點店「YamYam Inner Trip」，學習法國甜點的製作。1999年擔任主廚，同時也參與大阪店、京都店的營運。該店過去的招牌商品「NAOMI」也深受文化人喜愛，甚至谷川俊太郎更為其寫詩。2010年回到故鄉高輪獨立門戶，開設「C'est Mignon」。

這次裝飾作業中所使用的道具
左起，切麵刀2種、巧克力噴霧器、各種尺寸的方形切模、圓形圈模、塔模、花嘴、雪茄打火機、橡膠氣球、抹刀、毛刷

神田廣達 Koutatsu Kanda

ロートンヌ
L'AUTOMNE

@milleh.kojima

秋津店　〒189-0001東京都東村山市秋津町5-13-4
　　　　☎042-391-3222
中野店　〒165-0023東京都中野區江原町2-30-1
　　　　☎03-6914-4466
http://www.lautomne.jp

@milleh.kojima

1972年出生於東京都。老家經營和菓子店，自小就認為自己應該當個菓子達人。18歲在「ら・利す帆ん」修業4年，因而接觸到法國甜點。1995年榮獲法國的「尚-馬力希布那雷世界大賽」亞軍等，在國內外的甜點競賽中榮獲無數獎賞，25歲繼承父親的店，1998年在秋津，以「L'AUTOMNE」之名開業。2010年在中野開設第2家分店。2019年在美國拉斯維加斯開設鐵板燒、鐵板設計「達神X」。積極拓展新事業。

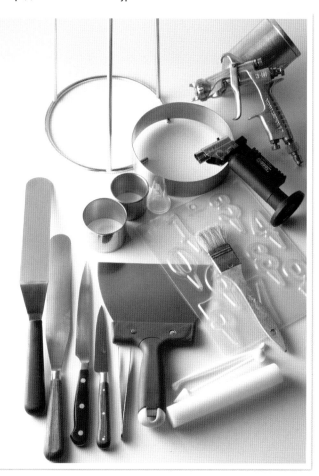

這次裝飾作業中所使用的道具
左起，填餡器托架、巧克力噴霧器、圓形圈模3種、花嘴、瓦斯槍、抹刀2種、刀子2種、鑷子、刮刀、巧克力用模型、毛刷、杏仁膏雕塑工具組、杏仁膏擀麵棍

TITLE

6大甜點師親授！IG吸睛蛋糕裝飾&設計技巧

STAFF

出版	瑞昇文化事業股份有限公司
編者	オフィスSNOW
譯者	羅淑慧

總編輯	郭湘齡
責任編輯	蕭妤秦
文字編輯	徐承義　張聿雯
美術編輯	許菩真
排版	二次方數位設計　翁慧玲
製版	明宏彩色照相製版有限公司
印刷	龍岡數位文化股份有限公司

法律顧問	立勤國際法律事務所　黃沛聲律師

戶名	瑞昇文化事業股份有限公司
劃撥帳號	19598343
地址	新北市中和區景平路464巷2弄1-4號
電話	(02)2945-3191
傳真	(02)2945-3190
網址	www.rising-books.com.tw
Mail	deepblue@rising-books.com.tw

初版日期	2020年9月
定價	550元

ORIGINAL JAPANESE EDITION STAFF

撮影	南都礼子
デザイン	津嶋デザイン事務所（津嶋佐代子）
編集	オフィスSNOW（木村奈緒、畑中三応子）

國家圖書館出版品預行編目資料

6大甜點師親授!IG吸睛蛋糕裝飾&設計
技巧 / オフィスSNOW編；羅淑慧譯. --
初版. -- 新北市：瑞昇文化, 2020.10
128面 ; 21 X 28.8公分
譯自：人気パティスリーのデコレーシ
ョン＆デザイン技法
ISBN 978-986-401-438-5(平裝)
1.點心食譜
427.16　　　　　　　　　109012178